"数字地球+"应用技术

赵　斐　刘俊义　申慧群　高　鹏　编著

科学出版社

北　京

内 容 简 介

数字地球是实现遥感数据与应用的核心基础功能之一，可实现多源遥感数据的存储管理、可视化显示与深度应用，是遥感平台与遥感应用之间的重要技术桥梁。本书系统阐述数字地球的体系架构、典型应用和关键技术。首先对数字地球的基本概念和相关理论基础进行阐述；然后介绍数字地球功能组成及"数字地球+"应用技术架构，并结合智慧城市、综合应急管理、全域交通数字化管理、航天数据管理等领域，给出典型应用示范和相关关键技术。本书内容涵盖了作者在该领域取得的多年工程成果，具有系统性、新颖性和前沿性，有实际工程应用参考价值。

本书可作为地理信息、遥感、人工智能等相关领域管理人员、工程技术人员及广大科技工作者的参考用书。

图书在版编目（CIP）数据

"数字地球+"应用技术/赵斐等编著. —北京：科学出版社，2023.4
ISBN 978-7-03-073014-5

Ⅰ.① 数… Ⅱ.① 赵… Ⅲ.①数字地球 Ⅳ.① P208

中国版本图书馆 CIP 数据核字（2022）第 160049 号

责任编辑：杨光华 刘 畅/责任校对：高 嵘
责任印制：彭 超/封面设计：苏 波

科 学 出 版 社 出版
北京东黄城根北街 16 号
邮政编码：100717
http://www.sciencep.com

武汉精一佳印刷有限公司印刷
科学出版社发行 各地新华书店经销
*

开本：787×1092 1/16
2023 年 4 月第 一 版 印张：11
2023 年 4 月第一次印刷 字数：260 000
定价：139.00 元
（如有印装质量问题，我社负责调换）

　　"坐地日行八万里，巡天遥看一千河"，遥感卫星具有运行时间长、观测范围广、不受天气限制、无须考虑人员生命安全问题等优势，已广泛应用于国防建设、城市规划、农业估产、环境评价、交通数字化、海洋监测等多个领域，对经济社会发展和国家安全具有重大意义。根据美国卫星产业协会发布的《2020年卫星产业情况报告》，2019年全球卫星遥感产业达到23亿美元，应用潜力巨大。我国是一个航天遥感大国，自2015年我国首颗商业卫星吉林一号发射以来，我国遥感产业进入高速发展时期。随着遥感数据在各领域不断深入应用，多源遥感数据难存储、多类型遥感数据难融合应用、时空基准不统一、二维三维一体化切换显示难等问题逐步凸显。如何利用数字地球技术解决上述难题成为遥感信息产业广泛研究的重要课题。

　　数字地球是一个在统一时空基准框架下，多维展示管理高分辨率影像、基础地理空间信息及各类专业应用信息的虚拟地球系统，可实现基础地理测绘、气象水文及其他专业信息的虚拟整合和深度应用，是遥感行业专业应用的重要技术。但数字地球在应用过程中存在技术概念混淆、标准体系不统一、技术架构难扩展等现实问题，同时在数字地球应用过程中，缺少应用示范与技术牵引，体系应用不强。

　　本书正是在这样一种背景下，重点针对以上问题，系统阐述作者多年来在数字地球平台建设方面的经验，从"数字地球+"应用方面进行总结。本书主要面向遥感应用及信息系统建设领域的科研人员、工程技术人员，在撰写过程中力求从应用实践出发，结合当前技术现状和未来的发展，扩展读者的视野和知识面，并为相关领域科研人员和工程技术人员提供有使用价值的参考。

　　本书共5章。第1章为绪论，主要阐述数字地球建设背景和发展历程，介绍数字地球概念的提出与发展、数字地球国内外发展现状；第2章为"数字地球+"相关理论，综述数字地球理论核心及相关基础应用理论，对其中涉及的摄影测量与遥感、导航定位、大数据技术和云技术进行介绍；第3章为数字地球平台设计与实现，介绍数字地球平台的总体框架和主要功能，对矢量渲染、多源异构数据分布式存储、二三维一体可视化、时空基准统一等关键技术进行描述；第4章为"数字地球+"设计与应用，首先给出"平台+数据+应用"的体系架构，详细介绍数字地球在智慧城市、综合应急管理、全域交通数字化管理及航天数据管理等领域的关键技术和应用效果；第5章为"数字地球+"发展与展望，主要介绍数字地球技术与应用的发展趋势。

　　非常感谢中国科学院空天信息创新研究院的许光銮、张利利、张源奔、林浩等对本书的技术支持和校对；北京跟踪与通信技术研究所的汪世辉、阮航、王栋、王京印等对本书的无私奉献，书中也包含了他们多年工程应用方面的工作成果。

本书在撰写过程中，得到了国家相关部委、基层应用部队及应用开发企业的关心与支持。

本书参考了国内外大量优秀教材、研究论文和相关网站资料，虽然作者在正文中注明了参考文献，但难免有疏漏之处，在此向所有列入和未列入参考文献的学者表示衷心感谢。科学出版社的老师们辛苦审阅了书稿，提出了很多建设性的修改意见，促使本书顺利出版。

限于作者水平，本书无法全面涵盖"数字地球+"应用的各方面工作，书中内容也难免有不足与疏漏之处，敬请广大读者批评指正。

作　者

2022 年 12 月于北京

目 录

CONTENTS

第1章 绪 论

1.1 概 述

随着卫星载荷精度、载荷类型的发展，遥感卫星的数量和质量不断提升。尽管影像数据存量巨大，但林业、交通、应急、农业等行业目前获得的数据支持仍不到位，主要是数据的获取环节过多、过于复杂。基于上述现状，各国逐步开展相关系统研制和应用工作，数字地球（digital Earth）是其中的典型系统。简单来说，数字地球是将遥感数据、信息与高性能计算、人工智能、云计算、大数据及虚拟现实等新一代信息技术充分结合，把卫星拍摄、解码、建模、应用等中间环节封装起来的遥感数据应用系统，采用数字地球后各类用户将缩短遥感数据的应用环节，支持人机协同、智能化提取，极大提升遥感数据应用能力。

由于应用行业较多，各行业对数字地球定义及涵盖范围各不相同。概括来说，数字地球定义包括广义和狭义两类。广义来说，数字地球是整合存储各类遥感基础影像、时空数据和应用专业数据，以及相关处理软件等合集，涵盖了数据引接、处理与可视化等环节，包括了数据、基础软件、应用软件、硬件环境等部分，是一个满足行业应用的典型信息系统。狭义来说，数字地球仅是对物理地球的数字化虚拟表达的基础数字地球，也可以称为数字地球平台，将承载正射影像图、矢量地形图、数字高程图等基础信息，为各类用户深度应用提供直观、全面、精准的基础地理信息服务；各领域可按照"平台+数据+应用"思路，集成相关专业领域的数据和应用软件，构建形成领域应用系统，也就是结合各应用领域形成"数字地球+"（图1.1）。

图1.1 数字地球涵盖范围示意图

DEM（digital elevation model，数字高程模型）

按照数字地球具体定义来说，各行业可基于数字地球平台开展各类应用，可构建形成"数字地球+"的应用生态。目前，数字地球在各领域应用逐步加深，本书对前期相关工作进行总结，提出统一的技术架构和应用思路，为后续数字地球在各领域的深度应用提供借鉴。

1.2 数字地球的发展历程

1.2.1 数字地球概念的提出与发展

数字地球的提出是建立在人类长期对地理相关技术成果积累的基础上，涉及地理信息科学、地球信息科学等一系列学科，这些学科的发展，为数字地球的产生打下了理论基础；对地观测系统及计算机网络的发展为数字地球提供了技术支持（闾国年 等，2007）。数字地球的概念最早出现在 1998 年，Gore（1998）在一次演讲（The Digital Earth: Understanding Our Planet in the 21st Century）中首次正式提出数字地球的概念。Gore 对数字地球下的定义：数字地球是指可以整合海量地理数据的、多分辨率的、真实地球的三维表示，并可以在其上增加与地球有关的数据，实现在不同分辨率水平上对地球进行三维浏览的虚拟地球系统（戴洪宝，2010）。Gore 的数字地球创意提出了用数字化的手段来处理整个地球多方面问题的思想，数字地球的含义也随着实际应用不断发生变化。

数字地球概念的形成是一个长期的、渐进的过程，数字地球并非一个孤立的科技项目或技术目标，而是以信息高速公路（information highway）（Gore，1991）和国家空间数据基础设施（national spatial data infrastructure，NSDI）（喻永昌，1997）为依托的具有整体性、导向性的战略思想。根据 Gore 的粗略设想，国内许多学者对数字地球概念做了不同的解释或进一步扩充。承继成等（1998）认为数字地球是指与地球上任何一点的资源、环境、经济和社会有关的、用经纬网坐标进行组织和用计算机进行管理的、多分辨率卫星数据的搜集及海量数据存储与管理、宽带网传输和科学计算与虚拟表达的技术系统。李德仁院士指出，数字地球就是信息化的地球。它包括全部地球资料的数字化、网络化、智能化和可视化的过程在内（任怡萱，2010）。或者说，数字地球就是虚拟的地球。1999 年郭华东院士将数字地球通俗地解释为"把真实的地球放进计算机里"（陈海波，2019）。杨崇俊（1999）定义数字地球是对真实地球及其相关现象的统一性的数字化重现和认识，包括构成体系的数字形式的所有空间数据和与此相关的所有文本数据，及其涉及的把数据转换成可理解的信息并可方便地获得它的一切相应的理论和技术。童庆禧院士则从其功能和作用的角度提出："数字地球是一个以地球空间信息为基础（框架），嵌入（融合）地球各种数字信息的一个系统平台，将数据的采集、存储、处理、传输、通信等一体化，通过数字地球的信息化手段，最大限度地利用地球信息，处理和分析整体的地球科学问题，为全球资源、环境保护与利用以至教育提供的先进工具。"（冯筠 等，1999）。李德仁院士指出："数字地球是一个以信息高速公路为基础，以空间数据基础设施为依托的更加广泛的概念（李德仁，1999）。"陈述彭等（2000）认为数字地球是从 20世纪 90 年代以来，全球对地观测系统、卫星通信系统与因特网等高新技术基础之上的信息集成系统工程的统称（高敏钦 等，2009），是 21 世纪信息社会的前奏，涉及知识产权、国际合作、数据共享等诸多社会、法律、政策变化问题；而又广泛服务于经济建设、远程教育，乃至影响国家安全、国家主权、民族团结的重大问题。陈述彭院士等认为数字地球就是信息化的地球，是一个地球信息模型，它把有关地球每一点的所有信息，按地球的地理坐标加以整理，然后构成一个全球的信息模型，通过这种方式可以了解地球上各种宏观的和微观的情况，便于人类最大限度地实现信息资源有效使用，为人类提供一种重新认知地球的新手段。李树楷等（2000）认为数字地球是一个具有名人效应的包含军事、经济、科技等内涵的综合战略性名词。李成彬（2011）认为数字地球通俗地讲就是用数字的方法将地球上的活动及整个地球环境的时空变化装入电脑，实现在网络上的流通，并使之最大限度地为人类的生存、可持续发展和日常的工作、学习、生活、娱乐服务。严格地讲，数字地球是以计算机技术、多媒体技术和大规模存储技术为基础，以宽带网络为纽带，运用海量地球信息对地球进行多分辨率、多尺度、多时空和多种类的三维描述，并利用它作为工具来支持和改善人类活动和生活质量（赵波，2000）。综上所述，数字地球的概念百家争鸣，各有侧重。这是因为数字地球是一种应用设想，是一次技术集成创新，是一个不仅包含地球信息科学，还涉及政治、经济、哲学、社会等许多领域的开放的巨系统。

从以上内容可知，数字地球的基本概念包含以下三方面的内容。

（1）数字地球是利用数字化的三维显示技术构建的虚拟地球，或指信息化的地球，是集数字化、网络化、智能化和可视化等技术为一体的地球技术系统。

（2）数字地球的实施计划需要有各行业力量的共同协力参与，是社会的行为，需要全社会的关心和支持。

（3）数字地球引领了新的技术革命，将改变人类认识地球的方式，进一步推动社会的发展和科学技术的进步。

1.2.2　数字地球国外发展现状

随着技术发展，数字地球在国外已经得到了广泛的发展与应用。各国均秉承利用商业资源的理念，面向大数据环境，发展各自的数字地球系统，吸纳前沿科技力量，通过跨行业信息及技术共享提升地理空间数据应用能力。这方面的主要代表包括 Google Earth、World Wind、Virtual Earth、SkylineGlobe、ArcGIS 等。

1. Google Earth

Google Earth 是 Google 公司开发的一款虚拟地球仪软件，它把卫星影像、航空像片和 GIS 布置在一个地球的三维模型上（阳昭，2020）。Google Earth 的成功之处在于不仅提供平台，也提供数据。依托 Google 公司在全球部署的 36 个数据中心及超过 200 万台服务器，Google Earth 提供了总计大于 1 000 GB 的城市高精度地貌与 3D 影像。此外，Google Earth 向个人用户提供搜索、路径导航、测量标绘、信息共享、数据导入等基本功能，同时还提供街景视图、3D 树木、城市夜景、3D 火星、全球各地的历史影像、海底和海平面数据、具有音频和视频录制功能的简化浏览功能。Google 公司充分利用其功能强大的搜索引擎和遍布世界各地的网络服务体系，实现了互联网海量遥感数据的自由浏览、查询、测量、路径分析、定位服务等功能，将数字地球科学技术的应用普及到了网络上（聂兰仕 等，2012）。Google Earth 具备强劲的三维引擎和超高速率的数据压缩传输能力，具备多源影像数据和完整的分类数据库支撑，并紧密结合搜索引擎，提供快捷、免费的通用服务。

2. World Wind

World Wind 是美国国家航空航天局（National Aeronautics and Space Administration，NASA）出品的类似 EarthView 3D 的鸟瞰工具，它是一个可视化地球仪，将美国国家航空航天局、美国地质调查局（United States Geological Survey，USGS）及其他网络地图服务商提供的图像通过一个三维的地球模型进行展现，还实现了月球、金星、火星、天王星的展现（贾文珏，2006）。通过这套程序的 3D 引擎，可以从外太空观察地球上的任何一个角落。用户可以在所观察的区域随意地缩放操作，同时可以看到地名和行政区划。World Wind 是一个开放软件，允许用户修改其软件本身，通过调用微软 SQL Server 影像库 Terrain Server 来进行全球地形三维显示。World Wind 最大的特性是卫星数据的自动更新能力。World Wind 具有在世界范围内跟踪近期事件、天气、火灾、洪涝等情况的能力，还具有接收来自 GPS 接收机的数据并将其坐标显示在三维地球上的能力。图 1.2 为 World Wind 系统展示界面。

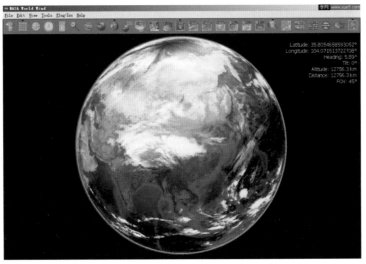

图 1.2　World Wind 系统展示界面

3. Virtual Earth

与 Google Earth 相比，微软的 Virtual Earth 并非单独运行的软件，而是架构于 Live Search 上面的一个服务网页，可方便在任意一台电脑上使用 Virtual Earth。Virtual Earth 3D 视图和航拍模式不同，是它的一大看点，3D 视图下每个建筑物都是根据实际尺寸进行建模合成。不仅可以在任何角度观看，甚至还可以清楚地知道建筑物的比例，而这点也正是卫星地图和航拍地图难以企及的。由于 Virtual Earth 的 3D 视图中的建筑物都是实时渲染出来的，有更多的视角变化。Virtual Earth 在国内的开放权限有限，对于更细节的内容，目前仅限美国本土地区用户使用。

除了基本的地址搜索服务，Virtual Earth 还有几个非常实用的查询功能，如交通查询、路线查询、事故通报和路况信息查询等。同时，Virtual Earth 能够通过解析用户上网的 IP 地址，直接定位用户地址，并在图中显示用户所在位置，图 1.3 为 Virtual Earth 展示界面。

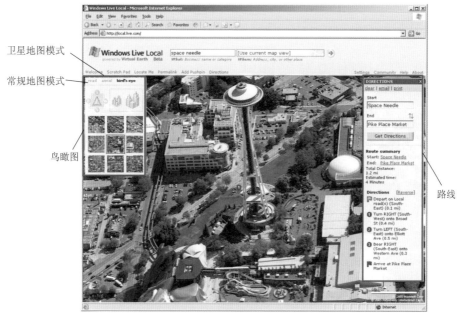

卫星地图模式

常规地图模式

鸟瞰图

路线

图 1.3　Virtual Earth 展示界面

4. SkylineGlobe

Skylinesoft 公司推出的 SkylineGlobe 一经面世，便和 Google Earth、Virtual Earth、World Wind 等一道成为全球知名的虚拟三维数字地球。SkylineGlobe 不仅让用户能够轻松地访问超大容量的地理信息数据库，随时获取各种实时资讯，而且还能和其他用户共享各种地理信息资源。

SkylineGlobe 为公众提供免费的全球可视化平台，其最大特色就是三维可视化功能（程海洋 等，2010）。如果需要构建高分辨率的三维建筑场景，可以利用 SkylineGlobe 软件，结合卫星影像、航空影像的地表数据完成，不过 SkylineGlobe 对遥感影像应用的支撑很有限。SkylineGlobe 在三维场景上创建和编辑二维文本、图片、矢量数据和三维建筑模型，从标准 GIS 文件和空间数据库中读取各种地形叠加所需要的信息；支持自动或手动的数据集定制和用户自定义层的扩展。

5. ArcGIS

ESRI 作为传统的 GIS 平台供应商，其提供的 ArcGIS 应用开发包功能十分强大（倪永 等，2013；汤国安 等，2012），由美国环境系统研究所开发研制，是世界上最广泛的 GIS 软件之一，包含众多组成部分，它们构成了统一、严整、完备、可伸缩的继承体系架构的系列 GIS 平台，它可以适应 GIS 用户由低到高的广泛需求。ArcGIS 不但支持桌面环境，还支持移动平台、Web 平台、企业级环境及云计算架构。无论是桌面端、服务器端、互联网还是野外操作，都可以通过 ArcGIS 构建地理信息，支持多种开发接口，可以适应.NET、Java 和 C++等不同开发环境。ArcGIS 为用户提供多种应用组件，可实现从简单的地图浏览到各种定制的 GIS 编辑程序的各种操作。但是 ArcGIS 在作为海量数据组织管理和共享分发的基础支撑平台时，系统效率低，在满足大数据量空天信息共享应用时效果有待增强。

1.2.3 数字地球国内发展现状

随着空间技术、云技术、遥感技术的发展，我国陆续也开展了数字地球相关技术的研究和系统研制，比较有代表性的系统包括 GEOVIS、国家地理信息公共服务平台"天地图"、地理服务信息平台、SuperMap GIS、MAPGIS、KQGIS 等。

1. GEOVIS

GEOVIS 是依托国家高分辨率对地观测系统重大专项"天眼工程"打造的资源共享服务平台，其核心理念是跨地域、跨领域、跨部门实现多源异构数据的承载、组织管理、信息融合、可视化展示及共享服务，以"微内核+插件"的开放式架构扩展用户所需的专业处理、综合业务应用等个性化应用（中国科学院空天信息创新研究院，2021；贺鹏梓，2017）。

GEOVIS 平台于 2010 年启动研发，2016 年发布了 GEOVIS6.0 数字地球原型成果，并在各省级高分数据中心和相关典型行业取得了深入应用。

GEOVIS 数字地球基础平台包括 GEOVIS iData、GEOVIS iFactory、GEOVIS iCenter、GEOVIS iExplorer 等产品。GEOVIS 平台作为航天地面系统的核心平台，是数据产品组织、共享交换的中心枢纽，通过分布式多中心的资源共享服务，实现各级用户高分资源的互联互通和共享应用。

2. 天地图

国家地理信息公共服务平台"天地图"是实现全国地理信息网络服务所需的信息数据、服务功能及其运行支撑环境的总称，是"数字中国"的重要组成部分（胡丹桂，2015；任晓烨，2012）。它以分布式公共地理框架数据库为基础，以网络化地理信息服务为表现形式，以互联网、电子政务内外网为依托，是国家、省、市三级互联互通的地理信息公共服务体系。"天地图"具备三个系统能力：一是依据统一的技术规范，整合全国多尺度地理信息资源，实现全国地理信息资源的互联互通；二是建成分布式地理信息服务系统，提供一站式的地理信息综合服务；三是建立健全运行维护有关规定和管理办法，形成业务化运行维护与管理机制。

"天地图"系统的主要特点包括两个方面。一是平台研发运用了分布式协同的技术架构。针对我国测绘地理信息资源共享难题，提出了基于统一标准规范的"分建共享、协同服务"创新模式，基于面向服务的思路，用服务共享来代替数据共享，最大限度地保护数据所有方的利益和对数据的自主权，极大地推进了跨部门、跨区域地理信息资源共享与应用问题的解决。二是数据体系采用了分布式地理信息数据的协同服务。针对跨区域（国家、省、市）数据的高效、快速、无缝调用的应用需求，设计了适合多源数据集成的分级金字塔结构，从而使物理上分布存储的数据资源能够按照这种分级策略，通过分级服务发布，以服务聚合的方式集成为逻辑上统一的数据资源体系，实现分布式地理信息数据的协同服务。

3. 地理服务信息平台

地理服务信息平台是立得空间信息技术股份有限公司根据"大平台+大数据"战略，按照"一数一源、一源一主、一数多用"的原则，以时空信息资源作为承载各类政务专题数据的载体，实现对时空信息大数据的统一采集、梳理和"云化"管理，并深度挖掘大数据价值，实现从"数据"到"信息"的高速融合和快速更新发布，打造"服务超市"，并构建统一的时空信息云平台,可作为高效有序推进地理空间信息整合的应用支撑平台。一方面，帮助构建时空大数据的可视化协同共享应用模式，实现跨部门、跨层级的互联互通，同时帮助了解全方位的运行状态，为决策提供科学依据；另一方面，为公众提供广覆盖、多层次、差异化、高品质的各类时空信息服务。平台的主要特点：一是针对地图性能的服务应用能力强；二是近景摄影测量性能好、移动测量技术先进；三是城市规划应用多、其他行业应用结合少。

地理服务信息平台具有的系统能力：一是平台服务系统能力，主要包括提供电子地图应用程序接口（application programming interface，API）、网络地图服务（web map service，WMS）、网络要素服务（web feature service，WFS）、网络覆盖服务（web coverage service，WCS）、Keyhole 标记语言（Keyhole markup language，KML）数据服务、网络地图瓦片服务（web map tile service，WMTS）、网络地图缓存服务（web mapping service-cached，WMS-C）、目录和元数据服务、在线制图服务等；二是数据分析引擎能力，数据分析引擎提供了云端分布式计算框架、分布式空间分析算法及分布式计算管理的相关功能；三是互联网地图引擎能力，从应用层来看，就是一套提供了地理、拓扑数据和空间渲染、查询功能的函数库，只需要接口就能较容易地完成路线和导引信息的功能调用。

4. SuperMap GIS

SuperMap GIS 是北京超图软件股份有限公司研制的一款地理信息系统软件，该公司自 1997 年成立以来，研发出面向行业应用开发、二三维制图与可视化、决策分析的大型GIS 基础软件系列——SuperMap GIS，包含云 GIS 服务器、边缘 GIS 服务器、端 GIS 及在线 GIS 平台等多种软件产品（王少华，2016）。其最新版本 SuperMap GIS10i（2020）于 2020 年 9 月发布。在 SuperMap GIS10i（2020）中进一步完善了 GIS 基础软件 5 大技术体系（BitDC），即大数据 GIS、人工智能 GIS、新一代三维 GIS、分布式 GIS 和跨平台 GIS 技术体系，丰富和革新了 GIS 理论与技术，为行业信息化赋能更强大的地理智慧。SuperMap GIS 系列软件已经广泛应用于自然资源（主要面向自然资源规划、调查、登记、利用、监测、保护等，涉及国土、规划、测绘、不动产、林业、地矿、海洋等领域）、数字城市、智慧城市（包含时空信息平台-数字底盘、城市网络、智慧园区、智慧建筑等）、水利、生态环境、农业、应急、交通、能源、市政管线、通信、电力等数十个行业，持续服务国内外重要领域的信息化建设。

5. MapGIS

MapGIS 软件是中国地质大学（武汉）开发的通用工具型地理信息系统软件，它是在 MapCAD 基础上发展起来的，具有自主知识产权的国产的地理信息平台，提供五部分功能，包括图形处理、库管理、空间分析、图像处理和实用服务。MapGIS 包含了 MapCAD 的全部基本制图功能，具有强大实用的图形功能，能够提供两百多种图形功能和不同格式的相互转换，另外还具备海量无缝图库管理功能和完备的空间分析工具，从而为多源地学信息的综合分析提供操作平台。目前 MapGIS 有桌面版 GIS、移动版 GIS、云 GIS、服务器 GIS 等多种形式。

MapGIS 系统采用面向服务的设计思想、多层次体系结构，实现了面向空间实体及其关系的数据组织、高效空间数据的存储与索引、大尺度多维动态空间信息数据库、三维实体建模和分析，具有 TB 级空间数据处理能力（夏显清，2007），可以支持局域和广域网络下空间数据的分布式计算、支持分布式空间信息分发与共享、网络化空间信息服务，能够支持海量、分布式的国家空间基础设施建设。MapGIS K9 开始提供"云服务"的超级引擎，具有跨平台、高扩展性等特点，可以轻松实现不同设备间的数据或应用的共享，可以方便地与企业资源计划（enterprise resource planning，ERP）、客户关系管理（customer relationship management，CRM）、商业智能（business intelligence，BI）等企业系统进行有机集成，为用户提供及时、高效、可定制的 GIS 服务。

6. KQGIS

苍穹地理信息平台 KQGIS 是苍穹数码技术股份有限公司自主研发的支持全国产环境的大型 GIS 基础平台。该软件内核基于 C++ 语言，实现代码级自主可控，用户可以在多环境多平台下运行；具备 GIS 领域常用的数据编辑、空间分析等能力；支持二三维数据一体化管理、展示、分析及服务发布；提供空间数据库管理引擎，实现对多种国内外主流数据库的兼容；具备二次开发能力。目前该软件已应用于各类政企信息化、不动产信息化、农业农村信息化、国土空间规划、应急管理、城市管理、自然资源信息化等诸多领域。

参 考 文 献

陈海波, 2019. 数字地球, 人类家园可以变得更美好. 光明日报, 2019-12-03[2021-11-30]. http://www.cac. gov.cn/2019-12/03/c_1576907903933250.htm.

陈述彭, 郭华东, 2000. "数字地球"与对地观测. 地理学报, 55(1): 9-14.

陈述彭, 周成虎, 2004. "数字地球"让信息在指尖传递. 中国新技术新产品(6): 38-39.

承继成, 李琦, 1998. 关于我国"数字地球"研究框架的建议. 地球信息科学学报(Z1): 1-2.

程海洋, 宋立松, 曹建兵, 等, 2010. 二维 GIS 与三维 GIS 联动技术研究. 浙江水利科技(3): 31-32.

戴洪宝, 2010. 基于 Skyline 的数字城市三维可视化系统的研究: 以天津市某实验区为例. 西安: 西安科技大学.

冯筠, 黄新宇, 1999. 数字地球: 知识经济时代的地球信息化载体: 背景、概念、支撑技术、应用述评. 遥感技术与应用, 14(3): 61-70.

高敏钦, 徐亮, 黎刚, 2009. 基于 DEM 的南黄海辐射沙脊群冲淤演变初步研究. 海洋通报, 28(4): 168-176.

贺鹏梓, 2017. 世界是数字组成的: GEOVIS 平台与应用. 卫星与网络(12): 64-66.

胡丹桂, 2015. 天地图和 Google Earth 的对比. 无线互联科技(3): 84-85.

贾文珏, 2006. Google Earth 和 World Wind 比较研究. 国土资源信息化(5): 22, 45-48 .

李成彬, 2011. 走进数字地球. 地理教育(12): 2.

李德仁, 1999. 信息高速公路, 空间数据基础设施与数字地球. 测绘学报, 28(1): 5.

李树楷, 薛永祺, 2000. 高效三维遥感集成技术系统. 北京: 科学出版社.

闾国年, 张书亮, 王永君, 2007. 地理信息共享技术. 北京: 科学出版社.

倪永, 陈荣国, 2013. 主流云 GIS 平台软件应用分析. 测绘科学技术学报, 30(2): 177-181.

聂兰仕, 王学求, 徐善法, 等, 2012. 全球地球化学数据管理系统: "化学地球" 软件研制. 地学前缘, 19(3): 43-48.

任晓烨, 2012. 天地图: 开启地理信息服务新天地. 中国测绘(3): 8-13.

任怡萱, 2010. G/S 模式下空间数据缓冲区分析关键技术研究. 成都: 成都理工大学.

汤国安, 杨昕, 2012. ArcGIS 地理信息系统空间分析实验教程. 北京: 科学出版社.

王少华, 2016. 超图平台软件创新: SuperMap GIS 智慧城市时空信息云平台简介. 地理信息科学学报, 18(7): 1009-1010.

夏显清, 2007. 警用地理信息系统的设计与实现. 森林公安(2): 15-16.

杨崇俊, 1999. "数字地球" 周年综述. 测绘软科学研究, 5(3): 3-11.

阳昭, 2020. 森林防火指挥系统、ArcGIS 和 Google Earth 结合在新一轮退耕还林工程中的应用. 内蒙古林业调查设计, 43(2): 82-85.

喻永昌, 1997. 中国国家空间数据基础设施建设. 中国测绘(2): 24-29.

赵波, 2000. GIS 与数字地球. 测绘工程, 9(2): 13-15.

中国科学院空天信息创新研究院, 2021. GEOVIS 空天大数据平台研发及产业化应用. 中国科学院院刊, 36(7): 846-847.

GORE J A, 1991. Information superhighways: The next information revolution. The Futurist, 25(1): 21.

GORE J A, 1998. The digital Earth: Understanding our planet in the 21st century. (1998-01-31)[2022-02-10]. http:// digitalearth. gsfc. nasa. gov/VP19980131. html.

第2章 "数字地球+"相关理论

2.1 概　　述

"数字地球+"是借鉴"互联网+"概念,按照"数据+平台+应用"的技术架构组织的一个综合系统工程,涉及的理论、技术和应用是在实际工程应用中提炼出来的,也是从一个业务应用的侧面来组合和应用已有和正在发展的理论、技术、数据和功能。"数字地球+"涉及的关键技术包括摄影测量与遥感技术、空间分析技术、导航定位技术、大数据技术和云技术等相关的理论与技术。

2.2　摄影测量与遥感

在高分辨率遥感卫星的研制和发射方面,世界各国展开了激烈的竞争,世界上以美国为首的发达国家投入大量的人力物力开展卫星的研发。厘米级分辨率的航空影像数据是当前最高的对地观测影像,卫星影像目前已经达到分米级,亚米分辨率的卫星影像是当前主流应用对地观测影像,可满足包括1∶1万及以上比例尺的测图需求,在环境、农业、交通、国防等诸多方面也有应用,它是构成数字地球最基本的空间数据,并作为其他非空间数据的载体和框架,从而实现数字地球的空间定位。

数字地球是在传统的摄影测量学基础上发展起来的,随着新技术的发展,数字地球也在不断地强大,目前发展涉及的主流技术包括:计算科学、云技术、空间分析、网络通信等,但一直以来是依赖摄影测量与遥感技术发展的。

2.2.1　摄影测量技术及发展

1. 摄影测量学的定义与任务

摄影测量学是利用光学摄影设备获得像片,研究和确定被摄物体的形状、大小、位置、性质和相互关系的一门学科和技术(李德仁,2000),经历了模拟摄影测量、解析摄影测量和数字摄影测量三个发展阶段。它包括的内容有:获取被摄物体的影像,研究影像处理的理论、设备和技术,以及将所处理和量测得到的结果以图解或数字形式输出的技术和设备。

由于客观世界和所要研究的对象具有从宏观到微观、各种各样的复杂特性,人们不可能总是亲身去接触这些物体。因此借助于非接触传感器获得影像,通过对影像的研究,实现对客观世界的认识是非常重要而有意义的。例如,通过对月球和其他星体的摄影像片的量测和处理，可以测出月球和其他星体的表面形状和特征。通过 X 射线透视片，医生可以方便地诊断出人体内部是否有某种疾病。利用航空摄影测量和卫星摄影测量，可以比人工实地测量更加快速和方便地测制和更新地球表面的各种比例尺地形图和专题图，为国民经济和国防建设服务。

摄影测量学的主要任务是测制各种尺度的地形图和各行业应用的各种专题图、建立数字地面模型，构建地形数据库，并为各种地理信息系统提供基础数据。摄影测量学是从理论上研究摄影像片与所摄物体之间的内在几何和物理关系。利用这种几何关系可以确定被摄物体的形状、大小、位置等几何特性；利用它们之间的物理关系可以判定所摄物体的性质，做出正确的解译。为了实现上述目的，还需要从技术上研究和制造出摄影像片获取和处理的仪器、材料，并研究出摄影像片处理的作业方法。摄影测量学作为影像信息获取、处理、加工和表达的一门学科，又受到影像传感器技术、航空航天技术、计算机技术的影响，并随着这些技术的发展而发展（李德仁 等，1994）。摄影测量学的主要特点是对拍摄的影像进行量测和解译，无须接触物体本身，因此很少受人类无法到达等条件限制，而且可摄得瞬间的动态物体影像。所拍摄影像是客观物体或目标的真实反映，包含研究物体的大量几何和物理信息，可为人们提供丰富的几何、纹理、色彩等影像信息。

由于现代航天技术、人工智能技术、云技术的飞速发展，摄影测量的学科领域变得更广。拍摄物体形态不限、状态不限，大小也不受限制，被摄物体可以是固体的、液体的、气体的，可以是静态的、动态的、变化着的，也可以是微小的、巨大的。获取物体信息的灵活性使得摄影测量成为可以多方面应用的一种测量手段和数据采集与分析的方法。

2. 摄影测量学的分类

从摄影测量的角度，摄影测量学按照拍摄载荷可以分为航空摄影测量、航天摄影测量、地面摄影测量、近景摄影测量和显微摄影测量等。

按用途，摄影测量学可以分为地形摄影测量与非地形摄影测量。地形摄影测量主要用于国家基本地形测绘、工程勘察设计，以及国土、环保、交通、城市规划、地质勘探等部门的规划与资源调查或建立相应的数据库。非地形摄影测量是不以测制地形图为目的，主要研究物体的纹理、形状、色泽、大小、空间位置等理论和技术，主要用于医学、考古学、建筑学、美学、公安侦破等各个方面的一门技术科学。

3. 摄影测量学的发展阶段

根据摄影测量探测仪器的不同特点及每个阶段完成任务的不同方式，摄影测量学经历了模拟摄影阶段和解析摄影阶段，以及数字摄影阶段。

1）模拟摄影阶段

模拟摄影测量是指用光学或机械方法模拟摄影过程，使两个投影器恢复摄影时的位置、姿态和相互关系，构成一个比实地缩小了的几何模型，即所谓摄影过程的几何反转，在此模型上的量测即相当于对实地的量测，量测的结果是通过机械或齿轮传动等方法直接在绘图桌上绘出，如地形图或各种专题图（王忠石，2006）。

2）解析摄影阶段

随着数字和计算技术的发展，人们逐渐习惯于利用电脑的计算方式来处理摄影测量中的复杂几何计算和数值计算的问题。20世纪50年代末出现了解析空中三角测量仪、解析测图仪与数控正射投影仪，开辟了解析摄影测量的新纪元。具有标志性的发展是1957年，海拉瓦博士提出了用电脑进行解析测图的思想，由于当时计算机水平受限，解析测图仪经历了近20年的研制和试用阶段，直到20世纪70年代中期随着计算机技术的发展，解析测图仪才进入了市场。

3）数字摄影阶段

解析摄影测量随着技术的发展，演化到了数字摄影测量阶段。从广义上讲，数字摄影测量是指利用拍摄载荷中获取的数据，采集数字化图像，利用计算机进行各种数值、图形和影像的处理，研究目标的几何和物理特性，得到包括数字地图、数字高程模型、数字正射影像、测量数据库、地理信息系统和土地信息系统等数字产品，以及地形图、专题图、纵横剖面图、透视图、正射影像图、电子地图、动向地图等可视化产品。

全数字化摄影测量分为自动影像匹配与定位和自动影像判读，是利用全自动化数字处理的方法对数字/数字化影像进行处理。自动影像匹配与定位是对数字影像进行预处理，包括特征提取、影像匹配，然后进行影像的几何配准，处理后的影像可以建立数字高程模型和数字正射影像，可以输出产生等高线图和正射影像图等。自动影像匹配与定位相当于人眼立体识别的过程，属于一种计算机视觉处理方法。自动影像判读又被称为数字影像分类，是对数字影像的初级定性描述。数字影像分类分为低级分类和高级分类，数字影像低级的分类方法是基于影像的灰度、特征和纹理等特征进行的影像初级的判读，多用统计分类方法；数字影像高级的分类方法则是基于经验知识手段，构成分类专家系统，进行更深一步的分类判读。

2.2.2　遥感技术及发展

由于摄影测量的非接触传感的特点，自20世纪70年代以来，从侧重于解译和判读应用的角度出发，人们又提出了"遥感"一词。

1. 遥感的基本概念

遥感是20世纪60年代发展起来的对地观测综合性技术，有广义的概念和狭义的概念之分。

从广义来说，遥感一词是英文Remote Sensing翻译过来的，即"遥远的感知"。广义理解，遥感是指不接触物体本身，利用物体电磁特性对目标进行探测。电磁探测包括对电磁场、力场、机械波（声波、地震波）等的探测，重力、磁力、声波、地层波等的探测被划为物探（物理探测）的范畴，不属于遥感的范畴。从狭义来说，遥感是在不与目标接触的情况下，利用探测仪器在远处把目标的电磁波特性记录下来，通过分析揭示出物体的特征性质及其变化的综合性探测技术。

遥感与遥测（telemetry）和遥控（remote control）不同。遥测是指对被测物体某些运动特性、运行参数和物体材质、性质进行远距离测量的技术，包括接触测量和非接触测量。遥控是指远距离控制目标物运动状态和过程的技术。遥感，特别是空间遥感过程的完成，往往需要综合运用遥感和遥控技术。如卫星遥感，必须有对卫星运行参数的遥测和卫星工作状态的控制等。不过特定情况下遥感和遥控技术需要综合应用，比如卫星遥感过程的完成必须有对卫星运行参数的遥测和卫星工作状态的控制等。

2. 遥感系统

根据遥感的定义，遥感系统包括被测目标的电磁波信息特性（信息源）、信息获取、信息传输与记录、信息的处理和信息的应用 5 大部分。

（1）目标物的电磁波信息特性。任何物体具有发射、反射和吸收电磁波的特性，通过目标的信息源与电磁波的相互作用，构成了目标物的电磁波特性，实现对目标物的遥感探测。

（2）信息的获取。获取目标物电磁波特征的仪器，称为传感器或遥感器，包括扫描仪、雷达、摄影机、摄像机、辐射计等。装载传感器的平台称为遥感平台，主要有地面平台（如遥感车、手控平台、地面观测台等）、空中平台（如飞机、气球、其他航空器等）、空间平台（如火箭、人造卫星、宇宙飞船、空间实验室、航天飞机等）（孟海东 等，2010）。

（3）信息的传输与记录。信息的记录通过数字磁介质和胶片主动接收目标地物的电磁波信息。胶片通过人或回收舱送至地面回收，而数字磁介质上记录的信息则可通过卫星上的微波天线传输给卫星接收站。

（4）信息的处理。卫星地面站接收卫星发送的信息，记录在高密度的磁介质上，并进行一系列的初级处理，如信息恢复、辐射校正、几何校正、卫星姿态校正、投影变换等，将其转换为通用数据格式，或转换成模拟信号被用户使用。地面站或用户还可根据需要进行进一步处理，如精校正处理、专题信息处理、影像分类等。

（5）信息的应用。遥感探测的最终目的是应用，根据不同行业应用标准和方向不同，遥感数据可以被处理成不同的形式，也会用到一些不同遥感信息的融合及遥感与非遥感信息的复合等。

总之，遥感技术是一个综合性的系统，它涉及航空、航天、光电、物理、计算机和信息科学及诸多的应用领域，它的发展与这些学科紧密相关。

3. 遥感的类型

遥感的分类方法很多，主要有下列几种。

1）按遥感平台分类

（1）地面遥感：顾名思义就是指将传感器设置在地面平台上，如车载遥感平台、船载遥感平台、手提遥感平台、固定或活动的高架平台等。

（2）航空遥感：就是把传感器设置在航空器上，主要是飞机、气球、飞艇等。

（3）航天遥感：将传感器设置在环地球的航天器上，如人造地球卫星、航天飞机、空间站、火箭等。

（4）航宇遥感：将传感器设置在星际船上进行遥感探测，主要是完成对地月系统外目标的探测。

2）按传感器的探测波段分类

（1）紫外遥感：传感器的波段为 0.05～0.38 μm 范围内的遥感探测。
（2）可见光遥感：传感器波段为 0.38～0.76 μm 范围内的遥感探测。
（3）红外遥感：传感器波段为 0.76～1 000 μm 范围内的遥感探测。
（4）微波遥感：传感器波段为 1 mm～10 m 范围内的遥感探测。
（5）多波段遥感：传感器波段的探测范围在可见光波段和红外波段范围内，再分成若干窄波段来探测目标。

3）按工作方式分类

（1）主动遥感和被动遥感：主动遥感和被动遥感是通过是否发射电磁波来进行判断的，主动遥感通过探测器主动发射电磁波，并接收目标的后向散射信号；被动遥感的传感器不向目标发射电磁波，而是被动接收目标物的自身发射能量和对自然辐射源的反射能量。

（2）成像遥感与非成像遥感：以接收的信号能否转换为影像来进行区分。成像遥感传感器接收的目标电磁辐射信号可转换成（数字或模拟）影像，如光学遥感、微波遥感、红外遥感等；非成像遥感传感器接收的目标电磁辐射信号不能形成影像，如红外辐射温度计、微波辐射计、激光测高仪等进行的航空和航天遥感。

4）按遥感的空间和应用领域分类

遥感的应用领域按大的空间研究领域，从地球的外层空间到陆地空间可分为外层空间遥感、大气层遥感、陆地遥感、海洋遥感等。如果按各行业的应用领域可分为国土遥感、环境遥感、林业遥感、地质遥感、国防遥感、气象水文遥感等；根据研究的领域不同，还可以划分为更细的研究对象进行各种专题应用，如植物遥感、土壤遥感、考古遥感、勘探遥感等。

4. 遥感的特点

（1）大面积的同步观测。在进行大面积国土资源和环境调查的同时记录下的数据是最宝贵的。传统的地面调查，需要人力进行实地勘测，工作量大而且对条件恶劣的地方工作实施非常困难。遥感观测可以不接触物体就可以对其进行观测，可以为此提供最佳的获取信息的方式，并且不受地形不可达、天气不允许出行等限制。遥感平台越高，传感器观测的视角越宽广，可以同步探测到的地面范围就越大，容易发现地球上一些重要目标物空间分布的宏观规律；然而，对于演化比较慢的宏观规律而言，依靠地面观测是难以发现或必须经过长期大面积调查才能发现。如：一幅美国陆地卫星 Landsat 影像，覆盖面积为 185 km×185 km＝34 225 km^2，在 5～6 min 内即可完成地面的扫描，实现对地的大面积同步观测；一幅地球同步气象卫星影像可覆盖地球表面 1/3 的面积，实现了对地面更宽广的面积观测。

（2）时效性。遥感探测，尤其是空间遥感探测，可以在短时间内对地球上的任何地区的同一片区域进行重复探测，对许多目标的动态变化进行探测，对发现、研究不同变化周期的动态分析非常重要。不同高度的遥感平台重复观测的周期不同，地球同步轨道卫星可以每半个小时对地观测一次（如风云二号气象卫星）；太阳同步轨道卫星（如 NOAA 气象卫星和风云一号气象卫星）可以一天 2 次对同一地区进行观测。这两种卫星可以探测地球表面短时间内的变化，或大气在一天或几小时之内的变化。地球资源卫星，如美国的 Landsat 卫星、法国的 SPOT 卫星和我国与巴西合作的 CBERS 卫星则分别可以 16 天、26 天或 4～5 天对同一地区重复观测一次，以获得一个重访周期内的某些事物的动态变化的数据。传统的地面调查则需要投入大量的人力、物力，用几年甚至几十年的时间才能获得地球上大范围地区动态变化的数据（孙枢 等，2000）。因此，遥感大大提高了观测的时效性，在天气预报，火灾预警、水灾预警、灾后评估等灾情监测方面都是很重要的获取手段。

（3）数据的综合性和可比性。遥感获得的地物电磁波特性数据很直观地反映了地球上的自然地貌、人文信息等。传感器类型多样化，遥感的探测时段相对广泛，可见光在白天探测效果好，红外遥感昼夜均可探测，微波遥感可全天时全天候探测，人们可以根据业务需求选择性地利用不同传感器获取的信息。地球资源卫星 Landsat 和 CBERS 等所获得的地物电磁波特性均可以较综合地反映地质、地貌、土壤、植被、水文等特征，从而具有广阔的应用领域。由于遥感的探测波段、成像方式、成像时间、数据记录等均可按用户要求进行定制化设计，这样可以保证获得的遥感数据同一性。新的传感器和信息记录都可向下兼容，结合之前的遥感数据，可对同一感兴趣的目标或区域进行对比。与传统地面调查和考察比较，遥感数据可以较大程度地排除人为干扰。

（4）经济性。与所获取的效益相比，遥感的费用投入可以忽略不计。与传统的方法相比，遥感手段获取数据可以大大地节省人力、物力、财力和时间，具有很高的经济效益和社会效益。有人估计，美国陆地卫星的经济投入与取得的效益比为 1∶80，甚至更大。

（5）局限性。目前，遥感技术只能利用有限的电磁波段，许多谱段的资源有待进一步开发。此外，现已在用的电磁波谱段对许多地物的某些特征还不能准确地反映，还需要进一步提高激光遥感、高光谱遥感和红外遥感的载荷数量及遥感以外的其他手段的配合，尤其是地面调查和验证尚不可缺少。

2.2.3　摄影测量与遥感的结合

自从苏联宇航员加加林（Gagarin）进入太空之后，20 世纪 60 年代开始，航天技术迅速发展。美国地理学者首先提出了"遥感"这一名词，用来取代传统的"航片判读"这一术语，随后便得到广泛使用。20 世纪 70 年代，随着美国 Landsat 地球资源卫星发射升空，遥感技术得到了空前发展。由于遥感技术对地面资源监测的效率很高，很快在各个行业得到重视，被应用到多种学科。

传统的摄影测量学过分局限于测绘物体形状与大小、结构等数据的几何处理，尤其是航空摄影测量只偏重于测制地形图的局面，遥感技术的出现对摄影测量学具有非常大的冲击和互补作用。目前遥感载荷除了使用对可见光摄影的框幅式黑白摄影机，还使用了彩色、红外摄影机、全景摄影机、红外扫描仪、多光谱扫描仪、电荷耦合器件（charge coupled device，CCD）推扫式行阵列扫描仪或矩阵数字摄影机及各种主动成像的合成孔径侧视雷达等，在幅宽和拍照色彩范围方面有了更宽广的发展。诸如美国在 1995 年发射的地球观测系统（Earth observation system，EOS）空间站目前已经基本上覆盖了大气窗口的所有电磁波范围，它能提供十分丰富的影像信息。各种航空航天飞行器作为传感平台，围绕地球长期运转，为人们提供大量的多时相、多光谱和多分辨率的丰富影像信息，并且所有航天遥感传感器也可用于航空遥感。

进入 20 世纪 80 年代，遥感技术新的突破再次显示了它对摄影测量的巨大作用。首先是航天飞机作为新的遥感搭载平台或发射平台，可重复使用和返回地面，大大提高了遥感应用的性价比，更重要的是可以搭载许多新的传感器，使影像的地面分解率（空间分辨率）、辐射分辨率（灰度级数）、光谱分辨率（光谱带数）和时间分辨率（重复周期）都有了很大的提高。仅以地面分辨率为例，Landsat 卫星的多光谱（multispectral，MS）扫描仪影像，像素在地面大小为 79 m，而 1983～1984 年的 Landsat-4、Landsat-5 上的专题制图仪（thematic mapper，TM）影像分辨率则为 30 m。1991 年发射的 Landsat-6、Landsat-7 的增强专题制图仪（enhanced thematic mapper，ETM）影像分辨率则为 30 m。1991 年发射的 Landsat-6、Landsat-7 的 ETM 影像分辨率则可达到 15 m。欧洲空间局（European Space Agency，ESA）1983 年 12 月发射的航天飞机载空间试验室（SPACELAB），利用德国蔡司公司 300 mmRMK 相机，取得 1：80 万航天像片，地面分辨率为 20 m（每毫米线对），相当于像素地面大小为 8 m。1984 年美国国家航空航天局发射的航天飞机载有大像幅摄影机（large format camera，LFC），其像幅为 230 mm×460 mm，其地面分辨率为 15 m，相当于 6 m 像素。1986 年和 1990 年法国发射的 SPOT-1、SPOT-2 卫星，利用两个 CCD 线阵列构成数字式推扫仪，全色影像分辨率为 10 m，通过侧向镜面倾斜可获得基线与航高比达到 1.0～1.2 的良好立体影像，从而可采集 DEM 并进行立体测图，并可制作正射影像，也可用作 1：5 万地图测制或修测。SPOT 影像在海湾战争中得到广泛应用。

随着航天技术的发展，世界各国陆续发射了覆盖光学、合成孔径雷达（synthetic aperture radar，SAR）、激光等成像载荷的系列对地观测卫星，如美国的 Landsat 系列、GeoEye 系列、WorldView 系列、ICESat 系列，加拿大的 Radarsat 系列、法国的 SPOT 系列，德国的 TerraSAR-X 和 TanDEM-X 卫星等。国外依靠单星的硬件优势，结合在轨几何定标等前期的高精度处理技术，实现了影像的精确定位。

美国 GeoEye 系列卫星是 IKONOS 和 OrbView-3 的下一代卫星（杨蕊，2019）。GeoEye-1 卫星于 2008 年发射升空，全色分辨率为 0.41 m、4 个波段的多光谱空间分辨率为 1.64 m，量化等级为 11 bit。星上利用 GPS 接收机获取卫星高精度位置信息，并装有双头星敏、IRU 和太阳敏感器。卫星姿态测量精度为 0.4″（3σ）。微振动角速度的均方根值（RMS）<0.007 arcsec/s（微振动频率为 25～2 000 Hz），姿态稳定度很高；在没有地面控制点的情况下单张影像能够提供优于 1.8 m（RMS）的平面定位精度，立体影像能够提供 2.4 m（RMS）的平面定位精度和 1.8 m（RMS）的高程定位精度；加入控制后，分别达到 1.2 m（RMS）和 1.8 m（RMS）定位精度（林鸿弟 等，2018；郭连惠 等，2013）。

美国 WorldView 系列卫星分别在 2007 年、2009 年、2014 年和 2016 年发射升空，卫星采用太阳同步轨道。其中，WorldView-1 的全色影像星下点分辨率达到 0.41 m，为黑白影像，不提供多光谱影像；WorldView-2 全色和多光谱影像星下点分辨率分别为 0.46 m 和 1.8 m；WorldView-3/4 全色和多光谱影像星下点分辨率分别为 0.3 m 和 1.2 m。WorldView 系列卫星星上姿态控制设备采用星敏感器、惯性装置等高精度仪器，具备较高的地理定位精度，WorldView-1 无地面控制点时，标称平面定位精度约为 4.56 m（RMS）；在有地面控制点的情况下，平面定位精度可达 1.2 m（RMS）。WorldView-2 卫星在无地面控制数据的精度达到 3.9 m（RMS）；而 WorldView-3/4 卫星在 1 个地面控制点的条件下，已实现平面 0.3 m（RMS）、高程 0.15 m（RMS）的定位精度（李国元 等，2015）。

美国的 ICESat 系列卫星主要用于探测地球表面的冰层、云层和地表层的高度，分别于 2003 年和 2018 年发射升空。其中，ICESat-1 卫星搭载单波束地球科学激光测高系统（geoscience laser altimeter system，GLAS）激光测距装置，其公布的地表高程测量精度为 15 cm，平面精度为 10 m 左右，ICESat-1 卫星完成了对大部分地面的激光测绘工作，不过由于载荷失效，于在轨工作 7 年后而退役。ICESat-2 卫星搭载 6 波束高级地形激光测高仪系统（advanced topography laser altimeter system，ATLAS）激光测距装置，提供更高频率和更高精度的激光测高数据，官方标称测高精度为 10 m（安德笼 等，2019），为当今最先进的测高卫星之一，已获取覆盖全球的激光测高数据，目前可开源获取，其高程控制点可以在无地面控制点的情况下，提高立体测图的应用精度。

法国 Pleiades 卫星采用太阳同步轨道，星下点全色分辨率可达 0.7 m。卫星具备强大的敏捷机动能力，依赖该项能力开展了多项在轨几何自标定技术探索和试验验证，在无地面控制点的情况下，其地理定位精度为 6 m（RMS），利用地面控制点可获得 0.6 m（RMS）的定位精度（雷蓉 等，2015；王铁军 等，2013）。

欧洲空间局 1991 年发射的 ERS-1 卫星是世界上首颗实现高精度几何定标的 SAR 卫星（黄建学，1993），利用地面定标场的控制数据标定关键系统参数（距离向斜距改正值和方位向时间改正值），最终单幅影像无控制点平面定位精度达到 10 m（RMS）。进入 21 世纪以来，世界各国都在规划和研制新的可进行长期观测的先进星载合成孔径雷达。特别是在 2007 年前后，日本、意大利、德国、加拿大相继成功发射了多颗典型高分辨率 SAR 卫星，为相关研究单位提供了丰富的高几何质量的 SAR 影像。高几何质量 SAR 影像的获取离不开几何定标工作的支持：日本宇宙航空研究开发机构（Japan Aerospace Exploration Agency，JAXA）利用场地定标的方法对 ALOS-1 卫星搭载的 SAR 系统 PALSAR 进行了几何定标，最终条带模式的 PALSAR 影像在无地面控制条件下达到了平面 9.7 m（RMS）的定位精度；意大利的 COSMO-SkyMed 卫星，利用分布在意大利境内的 4 个定标场和阿根廷境内的 1 个定标场对其单视斜距复影像产品进行了几何定标与几何精度验证，最终条带模式单片无控制点平面定位精度略低于 3 m，聚束模式单片无控制点平面定位精度达到 1 m；德国发射的 TerraSAR-X 卫星，利用德国南部建设的 120 km×40 km 区域内布设的 30 个点目标进行了几何定标，定标结果表明，影像绝对定位精度方位向 0.5 m、距离向 0.3 m；加拿大的 Radarsat-2 卫星利用定标场验证，最终平面定位精度为 10 m 左右。在这之后，德国发射的 TanDEM-X 卫星（2010 年）、欧洲空间局发射的 Sentinel-1A 卫星（2014 年）和 Sentinel-1B 卫星（2016 年）的几何定标工作由 TerraSAR-X 卫星的定标团队负责，继续沿用了 TerraSAR-X 卫星的相关场地几何定标技术，取得了很好的效果。这就为遥感影像的定性和定量分析创造了条件。在今天和未来，利用空间影像测图已是一种重要途径。

另外，也要看到解析摄影测量，尤其是数字摄影测量对遥感技术发展具有非常重要的推动作用。众所周知，遥感影像的高精度几何定位和几何校正就是来源于解析摄影测量现代理论。数字摄影测量中的影像匹配理论可用来实现多时相、多传感器、多种分辨率遥感影像的复合和几何配准（王攀 等，2012）。具有"地学编码"标签的遥感影像，来源于自动定位理论，可以获得快速、及时定位精度的遥感影像。摄影测量的一些成果对遥感影像的分类具有补充作用，其主要成果（如 DEM、地形测量数据库和专题图数据库）是遥感影像分类效果参考的有效信息。关于影像的分类和像片的判读的智能化技术发展，则是摄影测量和遥感技术未来发展均需要考虑的方向，现有的数字摄影测量系统与遥感影像处理系统基本上涵盖的内容差不多。

2.2.4 摄影测量与遥感的成像原理

近年来随着遥感技术的发展，各种卫星传感器的出现，极大地丰富了摄影测量与遥感领域，也对摄影测量科学与技术的发展提出了更多的需求。新型传感器产品的应用带来了许多有待研究的遥感处理理论和技术，例如各种传感器的成像原理、遥感影像的立体处理等。为了对遥感影像进行几何处理，重建三维立体，并进行测量工作的前提是建立成像几何模型（或称为成像数学模型）。本小节着重介绍星载传感器严密成像几何模型，为卫星产品的遥感处理提供技术支持。

1. 成像几何关系

传感器成像几何模型是遥感几何处理的核心，只有建立了成像几何模型，才能描述地面点在地理三维空间中的位置与卫星遥感影像上像点的关系。为了进行遥感影像精密的几何校正和定位，需要对传感器构建成像几何模型。以下介绍单线阵推扫式成像几何和 SAR 成像几何。

1）单线阵推扫式成像几何

单线阵推扫式成像传感器是逐行以时序方式获取二维影像的。先在像面上形成一条线影像，然后卫星沿着预定的轨道向前推进，逐条扫描后形成一幅二维影像（张过 等，2010），成像方式如图 2.1 所示。影像上每一行像元在同一时刻成像且为中心投影，整个影像为多中心投影。

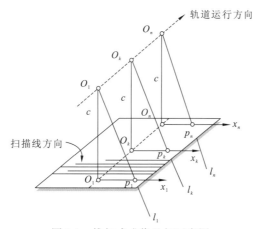

图 2.1　推扫式成像几何示意图

x_k 为扫描线 k 上影像点的 x 坐标，c 为传感器主距，
O_k 为扫描线 k 的投影中心，l_k 为扫描线 k 从投影中心 O_k 发出的光线

2）SAR 成像几何

距离-多普勒法是从 SAR 成像几何的角度来探讨像点与物点之间的对应关系，它所依据的原理：在距离向上，地面目标到雷达的等距离点的分布，是以星下点为圆心的同心圆束（张过 等，2008）。而在方位向上，卫星与地面目标相对运动所形成的等多普勒频移点的分布，是双曲线束。同心圆束和双曲线束的交点，就可以确定为地面目标。

2. 严密成像几何模型

1）坐标系统

推扫式卫星遥感影像的严格成像几何模型是由各种坐标系统构建而成的。在实际应用中如果想要求得所使用的坐标系统的坐标，需要利用坐标系统间的转换参数完成坐标转换。对任何类型传感器的成像过程需要通过一系列点的坐标转换来描述。下面介绍建立几种推扫式卫星遥感影像的严密成像模型将用到的坐标系统。

（1）WGS-84 坐标系：WGS-84 坐标系是一种协议地球坐标系，其原点位于地球质量的中心，Z 轴平行于国际时间局（Bureau International de l'Heure，BIH）1984.0 时元定义的协议地球极（conventional terrestrial pole，CTP）轴方向，X 轴指向国际时间局 1984.0 时元定义的零子午面和国际时间局 1984.0 时元定义的协议地球赤道的交点，Y 轴指向国际时间局 1984.0 时元定义的协议地球东向而垂直于 X 轴方向,构成了地心地固正交坐标系。WGS-84 坐标系所采用的椭球体，称为 WGS-84 椭球体，以米为单位。

（2）J2000 坐标系（天球坐标系）：J2000 坐标系也称为惯性坐标系（inertial coordinate system，GCI），也是一个右手系，坐标系的原点为地球质心，Z 轴指向地球北极，X 轴指向春分点，Y 轴按照右手定则确定。由于地球绕太阳运动，春分点和北极点都是变化的（伍洋，2015）。因此，国际组织规定以 2000 年 1 月 1 日 12 时春分点、北极点为基准，建立 J2000 协议空间固定惯性系统。该坐标系也是以米为单位。

（3）轨道坐标系（orbit）：轨道坐标系原点在卫星的质心（与本体坐标系原点相同），Z 轴指向地心，X 轴在包含 Z 轴和卫星速度矢量的平面，垂直于 Z 轴，与速度矢量的夹角小于 90°（保证沿着卫星飞行方向）；Y 轴按照右手定则确定。

（4）本体坐标系（body）：本体坐标系是以卫星的质心为原点，X_1 轴、Y_1 轴、Z_1 轴分别取卫星的三个主惯量轴。Y_1 轴沿着卫星横轴，X_1 轴沿着纵轴指向卫星飞行方向，Z_1 轴按照右手定则确定，该坐标系以米为单位（苏文博 等，2009），如图 2.2 所示。本体坐标系与轨道坐标系差三个姿态角。卫星姿态测量在本体坐标系中进行。

（5）相机坐标系（camera）：相机坐标系的原点在投影中心，其 Y 轴和线阵采样方向平行，X 轴和影像的行（line）方向平行，相机坐标系的 Z 轴垂直于影像平面（投影中心到像片的距离为主距 f，像片的 Z 坐标在相机坐标系中为 $-f$）。该坐标系以米为单位。

（6）影像坐标系（img）：影像坐标系以影像的左上角为原点，沿着扫描线方向（行）为 X 轴，沿着轨道方向为 Y 轴建立影像坐标系。在影像坐标系中，Y 坐标的值可根据影像的行数和每行影像的成像时间计算得到，以像素为单位。影像坐标系原点在影像左上角像元的中心，而不是在左上角像元的左上角点。图 2.3 所示为影像坐标系与瞬时影像坐标系之间的关系。

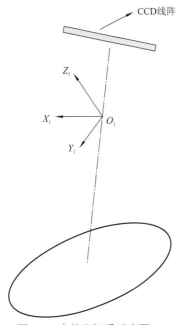

图 2.2　本体坐标系示意图

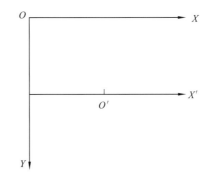

图 2.3　影像坐标系（O, X, Y）与瞬时影像坐标系（O', X', Y'）示意图

2）可以利用的观测数据

卫星星历是描述卫星运动轨道的信息，也可以说卫星星历就是一组对应某一时刻的卫星轨道参数及其变率，知道卫星星历就可以计算出任意时刻的卫星位置及其速度（王

井利，2002）。

GPS 卫星星历分为预报星历和后处理星历。利用这些开放的辅助数据，通过一系列几何处理，可以获得所需的成像几何模型。

（1）轨道观测数据：轨道观测数据是指卫星星历数据提供的若干个 GPS 天线相位中心的 WGS-84 坐标系下的位置和速度，以下为 TerraSAR-X 的一个 GPS 天线相位中心的位置和速度，在协调世界时（universal time coordinated，UTC，以原子时秒长为计量单位，在时刻上与世界时相差 0.9 s 的时间系统）时间系统以 10 s 的间隔提供，该景影像共提供了 12 个这样的相位中心。

```
<stateVec maneuver="NO" num="1" qualInd="1">
<timeUTC>2008-04-18T11:20:26.000000</timeUTC>
<timeGPS>892552840</timeGPS>
<timeGPSFraction>0.00000000000000000E+00</timeGPSFraction>
<posX>-4.39594469409142388E+05</posX>
<posY>5.57523591288936604E+06</posY>
<posZ>4.01326034787458275E+06</posZ>
<velX>1.96110200000000009E+03</velX>
<velY>-4.24876100000000042E+03</velY>
<velZ>6.09822500000000036E+03</velZ>
</stateVec>
```

（2）姿态观测数据：卫星姿态有两种形式，一种为三轴欧拉角（姿态的三个旋转角）输出，另外一种为四元组输出。其中三轴欧拉角描述本体相对于轨道坐标系的关系，四元组描述本体坐标系相对于 J2000 坐标系的关系。

星敏感器和陀螺输出，星敏感器本体相对于 J2000 坐标系的四元组以角速度在星敏感本体坐标系投影，在协调世界时，时间系统以 0.25 s 的间隔提供。

（3）相机观测数据：首先根据 CCD 线阵的中心点和物镜的后节点为轴，测量出每隔一定像元的实际光线和 CCD 线阵的中心点和物镜的后节点连线的夹角；然后由此确定主点的位置和主距（一定精度）；最后确定相机坐标系的 Z 轴，并规划每个像元对应的夹角，如图 2.4 所示。

（4）GPS 天线安置矩阵：在 GPS 测量中，实际获得的 GPS 天线相位中心是其在 WGS-84 坐标系的位置，而需要的是本体坐标系的坐标原点在 WGS-84 坐标系的位置，因此需要采用 GPS 安置矩阵将 GPS 天线相位中心在 WGS-84 坐标系的位置转化为本体坐标系坐标原点在 WGS-84 坐标系的位置。而地面标定仅仅能标定 GPS 天线相位中心在本体坐标系的三个偏移量 $[D_x \ D_y \ D_z]^\mathrm{T}$，因此需要将这三个偏移量投影到 WGS-84 坐标系下，才能建立 GPS 量测数值和坐标 $[X_0 \ Y_0 \ Z_0]^\mathrm{T}_{\text{WGS-84}}$ 的联系，表达式为

$$\begin{bmatrix} X_0 \\ Y_0 \\ Z_0 \end{bmatrix}_{\text{WGS-84}} = \boldsymbol{R}_{\text{WGS-84\_TO\_J2000}} \boldsymbol{R}_{\text{body\_TO\_J2000}} \begin{bmatrix} D_x \\ D_y \\ D_z \end{bmatrix} + \begin{bmatrix} X_{\text{GPS}} \\ Y_{\text{GPS}} \\ Z_{\text{GPS}} \end{bmatrix} \tag{2.1}$$

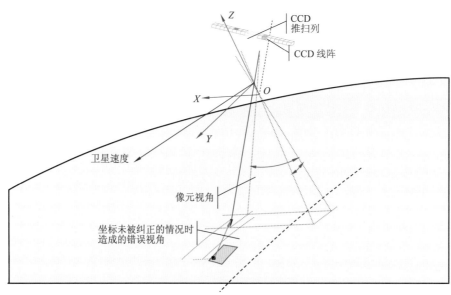

图 2.4   相机坐标示意图

式中：X_0, Y_0, Z_0 为本体坐标系的坐标原点在 WGS-84 坐标系的坐标；$X_{\text{GPS}}, Y_{\text{GPS}}, Z_{\text{GPS}}$ 为 GPS 天线相位中心在 WGS-84 坐标系的坐标；$\boldsymbol{R}_{\text{WGS-84\_TO\_J2000}}$ 为 WGS-84 坐标系到 J2000 坐标系的转换矩阵；$\boldsymbol{R}_{\text{body\_TO\_J2000}}$ 为本体坐标系到 J2000 坐标系的转换矩阵。

GPS 天线安置矩阵中涉及两个误差：GPS 相位中心的标定误差（GPS 天线相位中心在 WGS-84 坐标系的位置和速度）；三个偏移量的量测误差（GPS 天线相位中心在本体坐标系的三个偏移量）。

（5）星姿态敏感器安置矩阵：在卫星的星历上能提供旋转矩阵实际上指的是姿态敏感器坐标系相对于 J2000 坐标系的旋转矩阵，而需要的是本体坐标系相对于 J2000 坐标系的坐标旋转矩阵，因此需要一个姿态敏感器的安置矩阵，将姿态敏感器本体相对于 J2000 坐标系的旋转矩阵转换为本体坐标系相对于 J2000 坐标系的坐标旋转矩阵。

设敏感器相对于卫星本体的转换矩阵为 $\boldsymbol{R}_{\text{star\_TO\_body}}$，则可以根据式（2.2）求出卫星本体相对于 J2000 坐标系的旋转矩阵：

$$\boldsymbol{R}_{\text{body\_TO\_J2000}} = \boldsymbol{R}_{\text{star\_TO\_J2000}} (\boldsymbol{R}_{\text{star\_TO\_body}})^{\text{T}} \tag{2.2}$$

（6）相机安置矩阵：每台相机的相机坐标系和本体坐标系存在三维相似变换，这个三维相似变换由三个平移量和三个旋转量构成。同时需要测量前后视相机相对于中视相机的关系，表达式为

$$\begin{bmatrix} X \\ Y \\ Z \end{bmatrix}_{\text{body}} = \begin{bmatrix} d_x \\ d_y \\ d_z \end{bmatrix} + \boldsymbol{R}_{\text{camera\_TO\_body}} \begin{bmatrix} X \\ Y \\ Z \end{bmatrix} \tag{2.3}$$

式中：$\boldsymbol{R}_{\text{camera\_TO\_body}}$ 为相机坐标系相对于本体坐标系的坐标旋转关系（包含前后视相对于中视的夹角），其中主量是前后视相对于中视的夹角；$[d_x \ d_y \ d_z]^{\text{T}}$ 为相机坐标系原点相对于本体坐标系的原点平移。

相机安置矩阵中涉及三个误差量：三个平移量的精度、三个旋转量的精度、地面标定的精度。

3）卫星参数的内插方法

对推扫式传感器来说，所获得卫星遥感影像中的任意一行独立对应不同的卫星轨道和卫星姿态参数。在建立光学推扫式传感器成像几何模型中，需要连续任意时刻的星历数据，由于星历所获得的轨道、姿态、视角等可利用观测数据都是不连续的，需要对星历数据进行插值，从而获得任意时刻的轨道模型和姿态模型。下面说明三类卫星参数的内插方法。

（1）轨道内插：为了获得任意时刻的卫星参数，一般采用多项式轨道描述法、轨道根数描述法和插值等方法。常用的内插方法有拉格朗日多项式内插、三次样条内插、三角多项式内插、切比雪夫多项式内插等。

（2）姿态内插：对于四元组内插，采用球面线性内插获得任意时刻的姿态四元组为

$$q = q_0 c_0 + q_1 c_1 \qquad (2.4)$$

式中：$c_0 = \dfrac{\sin(\theta(1-(t-t_0)/(t_1-t_0)))}{\sin\theta}$；$c_1 = \dfrac{\sin(\theta(t-t_0)/(t_1-t_0))}{\sin\theta}$；$q_0 q_1 = \cos\theta$。

姿态欧拉角内插：

$$a_p(t) = a_p(t_i) + [a_p(t_{i+1}) - a_p(t_i)] \times \frac{t-t_i}{t_{i+1}-t_i} \qquad (2.5a)$$

$$a_r(t) = a_r(t_i) + [a_r(t_{i+1}) - a_r(t_i)] \times \frac{t-t_i}{t_{i+1}-t_i} \qquad (2.5b)$$

$$a_y(t) = a_y(t_i) + [a_y(t_{i+1}) - a_y(t_i)] \times \frac{t-t_i}{t_{i+1}-t_i} \qquad (2.5c)$$

式中：$a_p(t)$、$a_r(t)$、$a_y(t)$ 分别为 t 时刻三个轴的姿态角；t_i 为星历记载的 t 的前一个时刻。

（3）CCD 探元视角内插：如果 P 为非整像素，按照线性内插确定该像素在相机坐标系的指向。

$$\psi(p) = \psi(i) + [\psi(p_{i+1}) - \psi(p_i)] \times \frac{p-p_i}{p_{i+1}-p_i}, \quad p_i < p < p_{i+1} \qquad (2.6)$$

式中：$\psi(p)$ 为 p 像素在相机坐标系的指向；p_i、p_{i+1} 分别为星历记载的非整像素 P 的前后两个整数像素。

4）推扫式光学严密成像几何模型

推扫式光学严密成像几何模型通过利用坐标系统之间的转换，将影像坐标与地面点坐标联系起来，就建立了模型和坐标关系之间的关联关系。下面先介绍几个坐标系统之间的转换关系。

（1）地面点 WGS-84 坐标到相机坐标系的转换关系：

$$\begin{bmatrix} X \\ Y \\ Z \end{bmatrix}_{\text{WGS-84}} = \begin{bmatrix} X_{\text{GPS}} \\ Y_{\text{GPS}} \\ Z_{\text{GPS}} \end{bmatrix} + \boldsymbol{R}_{\text{J2000\_TO\_WGS-84}} \boldsymbol{R}_{\text{body\_TO\_J2000}} \left(\begin{bmatrix} D_x \\ D_y \\ D_z \end{bmatrix} + \begin{bmatrix} d_x \\ d_y \\ d_z \end{bmatrix} + m\boldsymbol{R}_{\text{camera\_TO\_body}} \begin{bmatrix} X \\ Y \\ Z \end{bmatrix}_{\text{camera}} \right) \qquad (2.7)$$

式中：$[X\ Y\ Z]_{\text{WGS-84}}^{\text{T}}$ 为地面一点 P 在 WGS-84 坐标系的三维笛卡儿坐标；$[X_{\text{GPS}}\ Y_{\text{GPS}}\ Z_{\text{GPS}}]^{\text{T}}$ 为 GPS 相位中心在 WGS-84 坐标系的坐标；$[D_x\ D_y\ D_z]^{\text{T}}$ 为 GPS 天线相位中心在本体坐标系的三个偏移量；$[d_x\ d_y\ d_z]^{\text{T}}$ 为相机坐标系原点相对于本体坐标系的原点平移；$[X\ Y\ Z]_{\text{camera}}^{\text{T}}$ 为地面一点 P 在相机坐标系下的投影坐标；$\boldsymbol{R}_{\text{J2000\_TO\_WGS-84}}$ 为在该像元成像时刻 J2000 坐标系到 WGS-84 坐标系的坐标旋转矩阵，包含地球自转、章动、岁差及极移等；m 为尺度因子；$\boldsymbol{R}_{\text{camera\_TO\_body}}$ 为该像元成像时刻本体坐标系相对于 J2000 坐标系的坐标旋转矩阵[式（2.8）]，由星敏感器和陀螺提供的数据确定，一般提供 q_1、q_2、q_3，其构成旋转矩阵的形式为

$$\boldsymbol{R}_{\text{body\_TO\_J2000}} = \begin{bmatrix} q_1^2 - q_2^2 - q_3^2 + q_4^2 & 2(q_1q_2 + q_3q_4) & 2(q_1q_3 - q_2q_4) \\ 2(q_1q_2 - q_3q_4) & -q_1^2 + q_2^2 - q_3^2 + q_4^2 & 2(q_2q_3 + q_1q_4) \\ 2(q_1q_3 + q_2q_4) & 2(q_2q_3 - q_1q_4) & -q_1^2 - q_2^2 + q_3^2 + q_4^2 \end{bmatrix} \quad (2.8)$$

式（2.7）建立了相机坐标系坐标和地面点 WGS-84 坐标之间的关系（将 GPS 相位中心、相机坐标系原点、地面点在相机坐标系中的坐标都转换到本体坐标系下，再将本体坐标系转到 WGS-84 坐标系）。

（2）相机坐标系和影像坐标系转换关系：CCD 阵列的每个像素都有量测该像素在相机坐标系的指向 (ψ_x, ψ_y)，对人类而言，由于飞行方向像素太小，没有量测 ψ_x，一般假定 $\psi_x = 0$。因此像素 (p, l) 在相机坐标系的指向为

$$\begin{bmatrix} X \\ Y \\ Z \end{bmatrix}_{\text{camera}} = \begin{pmatrix} -\tan(\psi_y) \\ \tan(\psi_x) \\ -1 \end{pmatrix} \quad (2.9)$$

式中：ψ_x、ψ_y 为相机的侧摆角。

（3）严密成像几何模型：线阵推扫式光学卫星遥感影像的严密成像几何模型是建立在影像坐标系和空间固定惯性参考系（inertial frame of reference，CIS）之间，综合前面各部分的讨论可得

$$\begin{bmatrix} X - X_{\text{S}} \\ Y - Y_{\text{S}} \\ Z - Z_{\text{S}} \end{bmatrix} = m\boldsymbol{R}_{\text{GF}}\boldsymbol{R}_{\text{FB}}\boldsymbol{R}_{\text{BS}} \begin{bmatrix} x_k \\ 0 \\ -c \end{bmatrix} \quad (2.10)$$

式中：m 为尺度因子；X、Y、Z 为地面点 k 在空间固定惯性参考系（一般取 J2000 坐标系）的坐标；X_{S}、Y_{S}、Z_{S} 为地面点 k 成像时刻卫星在空间固定惯性参考系的坐标；$\boldsymbol{R}_{\text{BS}}$ 为传感器坐标系与本体坐标系之间坐标转换的旋转矩阵；$\boldsymbol{R}_{\text{FB}}$ 为本体坐标系与轨道坐标系之间坐标转换的旋转矩阵；$\boldsymbol{R}_{\text{GF}}$ 为轨道坐标系与空间固定惯性参考系之间坐标转换的旋转矩阵。

$$\boldsymbol{R}_{\text{BS}} = \boldsymbol{R}_1(\psi_x)\boldsymbol{R}_2(-\psi_y) \quad (2.11\text{a})$$

$$\boldsymbol{R}_{\text{FB}} = \boldsymbol{R}_1(-\omega)\boldsymbol{R}_2(\varphi)\boldsymbol{R}_3(\kappa) \quad (2.11\text{b})$$

$$\boldsymbol{R}_{\text{GF}} = \begin{bmatrix} (X_2)_X (Y_2)_X (Z_2)_X \\ (X_2)_Y (Y_2)_Y (Z_2)_Y \\ (X_2)_Z (Y_2)_Z (Z_2)_Z \end{bmatrix} \quad (2.11\text{c})$$

式中：ψ_x 和 ψ_y 为相机的侧摆角；ω、φ 和 κ 为相机的三个姿态角。$Z_2 = \dfrac{P(t)}{\|P(t)\|}$，$X_2 = \dfrac{V(t) \wedge Z_2}{\|V(t) \wedge Z_2\|}$，$Y_2 = Z_2 \wedge X_2$，$P(t) = [X_S\ Y_S\ Z_S]^T$，$V(t) = [X_{v_S}\ Y_{v_S}\ Z_{v_S}]^T$，$(X_S, Y_S, Z_S)$ 和 $(X_{v_S}, Y_{v_S}, Z_{v_S})$ 为卫星质心在 CIS 坐标系中的位置和速度。

式（2.10）是利用卫星运动基本矢量、姿态和相机的侧视角所建立的单线阵推扫式传感器影像坐标与其地面点在 CIS 坐标系下的坐标关系式，即单线阵推扫式卫星遥感影像的严密成像几何模型。这里需要特别指出的是，式（2.10）中卫星的基本运动矢量、姿态和侧视角可以从影像的辅助参数文件中读出。

严密成像几何模型的主要用途：单片和多片空间后交、空间前方交会、区域网平差中的基本误差方程、计算模拟数据、数字微分纠正、单片测图等。

5）SAR 严密成像几何模型

SAR 影像的"定位模型"描述的是像点位置与相应的地面点位置之间的数学关系，在数字摄影测量学上常用"构像模型"表示。"定位模型"是从应用目的出发对这种数学关系的一种称法。定位模型可以直接用于影像点地面位置的地理定位计算。SAR 的严密成像几何模型有共线方程法和距离-多普勒法两种。

（1）目前，国际上主流的共线方程法数学模型主要有三种类型。一是俄罗斯采用的方法，该方法数学模型比较复杂，理论上非常严密，考虑的因素多，适用性很强，不仅适用于合成孔径雷达影像，而且适用于真实孔径雷达影像。正是由于该方法比较严谨，实现难度大。二是 Leberl 等（1985）提出的数学模型。该模型仅考虑了传感器外方位元素中线元素；由于未增加角元素，SAR 立体影像模型建立后与实际影像存在较大的偏差。同时，由于该模型是根据像点距离方程和零多普勒条件建立的，对于机载 SAR 载荷处理具有较好的适应性，星载 SAR 载荷处理的效果不太理想。因为星载 SAR 在成像时多普勒频率往往是不为零的。三是 Konecny 等（1988）提出的平距投影的雷达影像的数学模型，该模型考虑了传感器外方位元素、地形起伏等因素，公式形式与常用摄影测量共线方程相似，对于工程应用具有较好的基础。但该模型没有充分考虑 SAR 影像侧视投影的技术特点，仅参考传统光学影像成像的特点去描述与分析，因而该方法仅是一种类似模拟光学影像的处理方法。

（2）相对来说，距离-多普勒算法的优点：一是解算过程中不需要确定的参考点信息，仅仅依靠影像辅助信息即可；二是该方法与卫星的姿态状态数据相关，可避免姿态数据的引入带来的误差；三是随着 SAR 成像技术杂波锁定、自聚焦等技术发展，该方法的精度与星历数据准确性具有较高的关联性。随着卫星测定轨技术的不断提高，卫星星历数据将更加精确，所以算法解算的精度将大大提高。

SAR 作为一种主动式遥感成像方法，可提供非常精确的观测目标多普勒信息，利用这些信息可以很精确地构建卫星和地表位置的关联模型，从而可以得到每个像元的地理位置。定位模型必须建立在一定的坐标系统之上。由于现在星载 SAR 辅助数据多数在 WGS-84 坐标系上，本小节将给出在地心坐标系下的 SAR 定位模型。

在图 2.5 中：S 为卫星 SAR 代号，R_{SO} 为 S 的空间位置，R_{SO} 在图中对应向量 OS；A 为地球表面上某地物点经纬度，AS 用 R_{SA} 表示，其绝对值为 R；地物点 A 在地球椭球表面上的投影点可转换为 A'，$A'A$ 为 A 点的高程数据 h。OA 向量用 R_{AO} 表示。设目标点 A 的 GEI（geocentric equatorial inertial，地心赤道惯性）坐标矢量 $R_{AO} = (X, Y, Z)^T$，这里 (X, Y, Z) 必须满足地球形状模型：

$$\frac{X^2 + Y^2}{A^2} + \frac{Z^2}{B^2} = 1 \tag{2.12}$$

式中：(X, Y, Z) 为合成孔径雷达影像上任一点对应物点在 WGS-84 椭球下的三维坐标；$A = a_e + h$，h 为该点的椭球高，$a_e = 6\,378\,137.0$ 和 $b_e = 6\,356\,752.3$ 分别为 WGS-84 地球椭球的长短半轴。式（2.12）描述地球形状的模型确定一个椭球面。

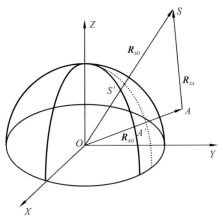

图 2.5 定义距离-多普勒模型的坐标系

设卫星的位置矢量用 $R_{SO} = (X_S, Y_S, Z_S)^T$ 表示、速度矢量用 $V_{SO} = (X_{SV}, Y_{SV}, Z_{SV})^T$ 表示。地面点 A 在影像上的坐标用 (i, j) 表示，i 为方位向行号，j 为距离向列号。目标到卫星的矢量 $R_{AS}(i, j) = R_{SO}(t_{ij}) - R_{AO}$，雷达波束形心和目标相交的时间点可表示为 t_{ij}。卫星到目标的距离 R 是已知的，而 R 又是卫星矢量和目标矢量的函数，则有如下距离方程成立：

$$R^2 = (X - X_S)^2 + (Y - Y_S)^2 + (Z - Z_S)^2 \tag{2.13}$$

式中：R 由雷达发射实际脉冲重复频率（pulse repetition frequency，PRF），实际脉冲重复频率整周期数由卫星系统设计确定、雷达回波信号窗口时间和雷达回波信号采样频率确定。

当雷达波束通过目标时，其多普勒频移为

$$f_D = -\frac{2}{\lambda h}(R_{SO} - R_{AO})(V_{SO} - V_{AO}) \tag{2.14}$$

式中：f_D 为该点对应的多普勒中心频率；R_{SO} 为该点成像时刻的卫星的位置；V_{SO} 为该点成像时刻的卫星的速度矢量；R_{AO} 和 V_{AO} 为该点的位置和速度矢量；λ 为雷达波长；h 为该点成像时刻卫星和地面点的距离。式（2.14）描述 SAR 多普勒方程确定的等多普勒面，点目标的回波数据在频率上出现偏移，偏移程度与卫星同目标间的相对速度成正比，由式（2.14）可知，等多普勒曲线为双曲线，如图 2.6（杨杰，2004）所示。

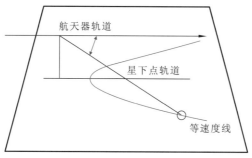

图 2.6 等多普勒曲线示意图

由式（2.13）确定的等距离线和式（2.14）确定的双曲线的交点确定目标影像的位置，如图 2.7（张过 等，2010）所示。

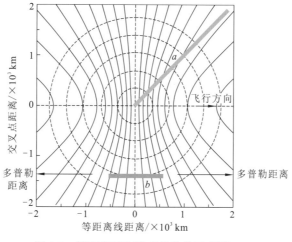

图 2.7 等距离线和等多普勒线示意图

SAR 影像上任意点的三维空间坐标可以通过求解式（2.12）～式（2.14）获得。

2.3 导 航 定 位

2.3.1 导航定位技术的含义

导航即导引航行，指引导物体沿一定航线从一点运动到另一点。导航首先要定位，确定航行体的位置，然后根据航行体的位置确定目标和运动方向。为了适应生产生活的需求，人类在发展过程中发明了许多定位方法。最初人们根据他人留下的标记，如特殊形状的树枝或石头、树上或墙面留下的符号等，判断、追踪、标记他人的行踪或位置。

指南车是我国古代一种指示方向的车辆，也可作为帝王的仪仗车辆。指南车车厢内部设置一套可自动离合的齿轮传动机构。当车辆行进中偏离正南方向，向东（左）转弯时，东辕前端向左移动，而后端向右（西）移动，即将右侧传动齿轮放落，使车轮的转动带动木人下方的大齿轮向右转动，恰好抵消车辆向左转弯的影响，使木人手臂仍指向南方。当车辆向西（右）转弯时，则左侧的传动齿轮放落，使大齿轮向左转动，以抵消车辆右转的影响。而车辆向正前方行进时，车轮与齿轮是分离的，因此木人手臂所指的方向不受车轮转动的影响。如此，不管车辆的运动方向是东西南北，或方向不断变化，车上木人的手臂总是指向南方，起到指引方向的作用。

英国人吉尔伯特用观察、实验的方法科学地研究了磁与电的现象，并将多年的研究成果写成名著《论磁》。该著作中给出了磁石的吸引与推斥、磁针指向南北、磁针与球形磁体间的相互作用、球形磁体的极、地球为大磁体等性质，提出了"磁轴""磁子午线"等概念。

随着时代进步和科技发展，中国四大发明之一指南针的出现，是世界导航定位技术史上的一个里程碑，利用指南针能大致判断自身历处的方位，不至于在茫茫大海或荒凉沙漠丢失方向。后来，人们根据指南针原理研制出了磁罗盘（磁罗经），用以指示方位，测量航向倾角。磁罗盘是利用地磁场固有的指向性测量载体的三维姿态数据（水平航向角、俯仰角、横滚角）。由于地球磁场南北极与地理南北极不重合引起磁差现象，需用各地磁差校正数据再加上磁针所指角度的磁航向读数，得到真实航向。磁罗盘的出现是世界导航定位技术史上的又一次进步，但由于地球磁场分布不均匀，南北两极根本无法使用磁罗盘，磁罗盘的偏差也难以矫正，所以出现较大误差。

人类一直以来都善于利用天文推测未来的天气，同样，也善于利用星星的位置来推算自身的位置，北斗七星就是人们推崇的绝好定位标准。这种方法简单易行，属于天文导航范畴，但由于天气阴晴云雨不定，天文导航大受限制。

在航海中，人们曾利用海岸电台产生的电波信号导航，但是无线电波的损耗较为严重，在碰到折射、反射时，对信号的干扰还是比较明显的。

1957 年 10 月 4 日，苏联发射了人造卫星以后，苏联和美国的科学家均产生了把无线电导航信源从地面导航塔转移到卫星上的想法，以解决地面导航塔高度受限、导航覆盖范围较小的问题。由于卫星覆盖范围大，所以维持一定的卫星数量，并采用广播式通信方式，把测距码和导航电文广播至全球，便可以实现覆盖全球的导航定位，还可以将二维平面定位推进到三维定位，使卫星导航的功能与精度发生变革，开创导航定位技术和能力的新纪元。

卫星导航的出现很好地解决了导航塔导航范围小、精度低、误差累加的问题，1958年，美国开始研究子午仪卫星定位系统（Transit），到了 1964 年，该系统建成并开始使用。但是该系统的组成卫星只有 54 颗，平均处在 1 000 km 的高度，从地面站观测到卫星平均需要 1.5 h，间隔较长，因此无法连续地提供实时的三维导航，精度也比较低。

目前世界上主要的卫星导航系统包括美国的全球定位系统（global positioning system，GPS）、苏联/俄罗斯的全球导航卫星系统（GLONASS）及我国的北斗卫星导航定位系统。

2.3.2　导航定位技术的分类

导航的分类就狭义来讲，按导航所需信息可大致分为惯性导航、天文导航、无线电导航、声呐导航、地磁辅助导航、地形辅助导航、脉冲星导航。①惯性导航：依据牛顿惯性原理，利用加速度计或者陀螺仪等惯性元件，测量物体加速度等信息，并起算其速度和位置，达到导航定位的目的。②天文导航：利用星体敏感器对自然天体测量获得的信息来确定自身位置和航向的导航方式。③无线电导航：利用无线电电磁波传播特性测量出载体导航参量信息（方位、距离和速度）进行导航。④声呐导航：利用测量到的机械震动波信息进行导航。⑤地磁辅助导航：利用地磁在不同地点有不同规则变化的特征产生定位信息。⑥地形辅助导航：利用无线电高度表和数字地图来辅助惯性导航。⑦脉冲星导航：利用脉冲星信号测定卫星姿态。

按照导航载体所处位置，导航还可以分为陆上导航、海上导航、水下导航、星际导航等几类。

按照导航载体的功能与类型，导航可分为飞行器导航、车载导航、舰载导航、火箭导航、智能机器导航、医学微创手术导航等。

按照导航载体所在运动轨迹的空间，导航可分为一维导航、二维导航、三维导航。①一维导航：导航载体为高铁、有轨电车等已事先预定好运动轨迹的运载体。②二维导航（平面导航）：导航载体为汽车。③三维导航：导航载体为导弹、火箭、飞机等。

目前，根据国际上一般采用的分类方法进行归纳，按照惯性导航精度的高低和惯性导航系统的成本高低将导航大致划分为 4 类。①低成本惯导系统：主要以体积较小的低成本微机电系统（micro-electro-mechanical system，MEMS）器件为主。②武器战术级惯导系统：主要用于各类需制导的武器系统上，工作周期在 10 min 之内。③航空级惯导系统：是指用于多种飞机上的惯导系统。④航海级惯导系统：一般应用于潜艇或者高吨位大型航海舰艇上。

2.3.3　导航定位技术的发展现状

随着导航定位技术的不断发展，单一导航方式逐渐被组合导航方式所取代，在组合导航中，任意单一导航方式都是独立自主的，并且能够作用于自身及周围环境，每一种导航方式之间相互协调、协作，共同完成系统任务。组合导航方式不但可以完成单一导航方式所不能解决的问题，并且具有更广泛的任务领域、更高的效率、更强的鲁棒性及容错性。多传感器组合是提高导航系统定位精度和增强系统容错性的有效手段，其关键技术在于多源信息融合，在低成本、高适应性等方面具有较好的优势，但也面临不确定、多模态、高冲突、强相关、网络化等诸多现实应用挑战。

全球卫星定位系统模块（GPS、GLONASS 或北斗）和惯性传感器组成了最直接也是最常见的全球导航卫星系统（global navigation satellite system，GNSS）/惯性导航系统（inertial navigation system，INS）——GNSS/INS 惯性组合导航系统，其按照两套系统的融合程度可分为松组合、紧组合和超紧组合。松组合利用卫星定位接收机输出的位置、速度信息通过线性或非线性滤波技术和惯导的推算值进行融合，此方法仅在可视卫星数大于或等于 4 时才能使用。紧组合则直接利用接收机输出的可视卫星原始观测值（如伪距、伪距率、载波相位等）和惯导推算值进行融合，理论上当可视卫星数大于或等于 1 时可以使用此方法。松组合和紧组合在很大程度上都依赖于接收机的性能，而超紧组合实现了两者的深层次协作。在卫星信号受遮挡或载体高速运动的状态下，接收机极易出现失锁的情况，此时惯导系统可以辅助接收机对信号进行快速重捕获和跟踪，从根本上提高接收机的性能。但此类型组合的前提是接收机必须对用户开放射频前端信号，在此基础上再利用接收机的输出通过松组合或紧组合模式实现导航信息的最优化估计。

借助机会信号导航（navigation via signals of opportunity，NAVSOP）是利用环境中相关信号辐射进行导航与定位的技术方法。现有的卫星导航定位系统是建立在特殊的、相对脆弱的卫星信号基础上，很容易被周围环境阻断，而且基于伪卫星的干扰和欺骗技术能够很容易地对卫星接收机进行干扰并将无人载具诱导至错误的地点。NAVSOP 技术利用 Wi-Fi、无线电台、信号基站和移动电话等信号辐射实现定位，这些信号的强度在局部地区要强于在轨的卫星定位系统。这意味着该技术可以在各类复杂环境下进行定位，在外界试图破坏其制导系统时也能为载体提供良好的安全保障。惯性传感器在该组合导航系统中依旧承担系统状态递推的功能，在量测更新间隙或信号丢失时为载体提供导航信息。2000 年英国 BAE 公司联合悉尼大学的机器人研究中心在悉尼地区对 NAVSOP 技术进行了路试，试验结果表明：单独使用中波信号导航时，北向误差为 10 m、东向误差为 17 m；单独使用全球移动通信系统（global system for mobile communications，GSM）信号时最大定位误差为 22 m；单独使用数字音频广播信号时最大定位误差为 20 m；单独使用 3G 信号时最大定位误差仅为 12 m；而在同时使用上述所有信号的情况下，NAVSOP/INS 组合导航系统可以获得和差分全球定位系统（differential global position system，DGPS）/惯性导航系统（INS）相似的导航精度。2013 年，BAE 公司成功将该项技术在其雷神（Taranis）无人机上进行了验证。但是 NAVSOP 技术从本质上来说是基于信号到达时间（time of arrive，TOA）或到达时间差（time difference of arrive，TDOA）量测值进行处理，在实际应用过程中会受传播过程中多径效应的影响，理想情况下，其理论精度和现有的 GPS 精度相似。NAVSOP 技术中用于绝对定位的信号不再是第一固定类型和某一固定频率，而是各类型信号的各个频段均有可能，这对信号接收器的天线设计提出了很高的要求，需要在有限的尺寸内覆盖尽可能多的频段。

多源信息融合是组合导航定位技术的关键，其中的滤波方法包括加权融合方法、贝叶斯方法、模糊集合方法、神经网络方法和卡尔曼滤波方法等。加权融合方法将各传感器输出的信息利用加权规则得到最优估计。最简单的加权融合方法为求取传感器输出的加权平均值。贝叶斯方法将传感器输出用概率分布来表示，以概率准则来估计。贝叶斯方法的难点在于对概率分布的描述，尤其是传感器精度较差时，概率分布的描述将更为困难。模糊理论通过制订模糊控制规则，依据各传感器的输入估计得到系统输出信息，可以处理不完整的信息。模糊集合方法以观测所得的数据为基础，实现主观、客观间的信息融合，缺点为算法的直观性不强、运算复杂。神经网络方法通过采集、学习、计算权值，获得不确定对象的推理机制。神经网络具有分布并行处理、非线性映射、自适应学习、较强的鲁棒性和容错性等优点，其缺点在于学习过程运算量大、寻找全局最优解困难。在众多数据融合算法中，卡尔曼滤波方法最为常用，被广泛应用于各个领域，并在工程实践中发挥着十分重要的作用。

卡尔曼滤波理论是由卡尔曼（Kalman）于 1960 年提出的一种信号滤波方法。标准卡尔曼滤波方法仅能处理线性系统，然而组合测姿系统一般为非线性系统，采用标准卡尔曼滤波方法近似计算将导致误差累积，降低测量精度，严重时会影响滤波器的稳定性。为改进标准卡尔曼滤波的固有问题，研究者提出了扩展卡尔曼滤波（extended Kalman filtering，EKF），它是基于非线性状态方程和测量方程在状态预测值附近的局部线性化来实现滤波估计的。EKF 通过忽略其高阶项，对非线性函数的一阶线性化截断，从而将非线性问题转化为线性问题。EKF 方法简单、灵活，可以解决多种形式测量值的估计问题。

组合导航系统传感器数目多，信息量大，滤波器维数高。采用集中式卡尔曼滤波方法进行数据优化处理时，计算量会随着系统状态维数的增加急剧增大，影响系统对实时性的要求。为解决这一矛盾，1988 年 Carlson 提出了一种联邦卡尔曼滤波方法，该方法将系统分解为多个子系统，各子系统分别由各自的滤波器进行滤波估计，子滤波器的估计结果通过一个主滤波器进行信息的融合。滤波过程中的信息是由主滤波器向各子滤波器分配，提高了信息的利用率，消除了各子状态间的相关性，使子滤波器的估计为最优估计，设计灵活，容错性好。此外，卡尔曼滤波中针对输出信号包含多种随机误差、先验的误差模型不能准确描述的问题，提出了 Sage-Husa 自适应滤波法、交互式多模型算法等。随着人工智能理论的发展，神经网络、模糊理论等人工智能方法被应用于卡尔曼滤波方法中，很好地解决了误差模型不确定、噪声统计特性缺失等问题，成为滤波方法的重要发展方向。

同时由经验和统计理论可知，即使是高质量的原始采样数据，由于受多种外部偶然因素的影响，也会引入较大的随机误差，有时 1%～5%甚至多达 10%～20%，使数据严重偏离目标真值，从而成为异常值。在航位推算/捷联惯导系统组合导航系统中，受动态工作环境及仪器自身性能等因素的影响，容易出现一个或多个传感器状态异常。为保证组合导航系统在某个或某几个传感器异常的情况下仍能够正常可靠地工作，有必要对数据异常值的处理方法进行深入研究。数据异常通常表现为一个突然的跳变或数据的缺失，异常值处理通常包括异常值检验和异常值剔除两部分。一般的异常值检验方法是利用统计残差序列，通过统计决策（如双 X2 状态扩检验法等）来分析得出是否出现了异常值。目前，对异常值的修正常用滑动平均、低阶多项式滑动拟合等方法，这些方法可在一定程度上补偿异常值带来的缺陷，但效果并不是十分理想。若能通过状态预估技术，利用异常值出现前的历史数据预测出异常状态的目标值，再将该预测值代入组合导航系统中进行状态解算，必将有效提高系统状态的可信度。预测是根据系统历史和现在的已知状态，使用一定的方法和技术去推断系统将来的未知状态。目前常用的预测方法有移动平均法、线性回归、非线性回归法、指数平滑法、灰色预测法、人工神经网络法、时间序列预测法等。传统预测方法对混沌动力学系统很难得到满意的预测结果。混沌时间序列中蕴含的动力学信息，可以利用相空间重构技术来还原。在相空间拓扑近邻点的时间演化原理中，广泛采用最近邻域点的欧氏距离法来实现算法，目前已出现多种混沌时间序列预测方法，如全局预测法、局域预测法、基于最大李雅普诺夫指数的预测法、沃尔泰拉级数自适应预测法、混合粒子群优化预测法、基于重构相空间的灰色预测模型、模糊神经网络模型、最小二乘支持向量机法等。

导航定位技术中另一研究热点是组合测姿技术，通过星敏感器与惯性系统的组合、惯性系统与电子罗盘的组合来满足天基、地基等不同载体的使用需求。在众多的测姿技术中，通过多信号天线与惯性系统组合使用，各自发挥技术优势的工程实践方法得到了广泛应用。信号天线与惯性系统组合具有明显的优势。在精度方面，通过利用信号天线接收载波的观测量及惯性系统输出的高时效、高精度的位置、速度等信息相结合，可以满足实际应用中对测量物体的位置、速度、姿态等信息的高精度、高时效测量。在实时性方面，导航定位计算结果通常会延迟 0.1～0.4 s，独立使用时对强时效性和高动态性的应用场景需求难以满足；当测量系统接入考虑惯性系统无时延数据后，可实现测量结果实时输出。在更新频率方面，利用惯性系统较高的输出频率（100 Hz），导航测量将可实现高速的姿态更新频率。在初始化和对准方面，导航测量接收设备在较好的接收环境，通常在 50 s 以内就可以完成初始信息解算；由于解算方法的差异性，惯性系统需要数分钟才可完成初始化信息解算，且其精度相对较低；与精度、实时性方面相类似，惯性系统融合利用导航测量信息后，可极大提高初始信息解算及初始对准精度，缩短解算初始时间。

近些年，随着微电子技术和微机电技术的发展，产生了速度更快、可靠性更高、体积更小、成本更低的导航系统。而随着高性能微处理器的出现，采用复杂的算法对导航仪表进行补偿成为可能，从而提高了系统性能。导航系统正朝着集成化、智能化、数字化、低成本等方向发展。

2.3.4 导航定位和授时原理

卫星导航系统的导航定位原理是几何三球交会法，即分别以三颗导航卫星为球心，以用户接收机和导航卫星之间的距离为半径，三个这样的球交会于一点，交会点就是用户接收机所处位置。

卫星导航系统采用统一的时间系统，地面控制系统和导航卫星均配备高稳定性的原子钟作为其频率和时间基准，卫星时间与系统时间保持同步，并且与系统时间的偏差是确定已知的。通常，为降低用户接收机的复杂度和成本，接收机仅配置频率稳定性一般的晶体振荡作为频率和时间基准，与系统时间是不同步的，其偏差是未知的。因此，用户接收机钟差也是实现导航定位的一个待求的未知变量，这也就是用户接收机至少同时观测 4 颗导航卫星才能进行定位授时的原因所在。

导航卫星的运行状态时刻处于地面控制系统连续监测下，通过导航卫星与地面监测站之间的伪距、载波相位测量和星地时间同步测量，可以高精度地测定并预报一段时间内导航卫星的位置和钟差，定义导航卫星在空间基准框架中的坐标和时间基准。地面控制系统将其位置和钟差信息按照协议上行注入导航卫星后，卫星通过导航电文连续不断地播发给用户接收机。因此，对用户接收机而言，导航卫星的位置和钟差是已知的。

设导航卫星的位置和钟差为 $(x_i, y_i, z_i, \delta t_{s,i})(i = 1, 2, \cdots, 4)$ 是已知量，设用户接收机的位置和钟差为 $(x, y, z, \delta t_u)$ 是未知量，用户接收机与 4 颗导航卫星的距离记为 $d_i, i = 1, 2, \cdots, 4$。根据几何交会原理，可得

$$
\begin{cases}
\sqrt{(x_1 - x)^2 + (y_1 - y)^2 + (z_1 - z)^2} = d_1 \\
\sqrt{(x_2 - x)^2 + (y_2 - y)^2 + (z_2 - z)^2} = d_2 \\
\sqrt{(x_3 - x)^2 + (y_3 - y)^2 + (z_3 - z)^2} = d_3 \\
\sqrt{(x_4 - x)^2 + (y_4 - y)^2 + (z_4 - z)^2} = d_4
\end{cases}
\tag{2.15}
$$

式中：$d_i, i = 1, 2, \cdots, 4$ 是几何距离，未包含导航卫星和用户接收机的钟差。

GNSS 接收机对卫星导航信号进行采样，并根据接收机本地时间记录采样时刻（记为 t_{re}，下标 re 表示接收），并对采样信号进行处理，得到信号标记的发射时刻（记为 t_{tr}，下标 tr 表示发射，该时刻是根据导航卫星本地时间标记的）。

伪距 ρ 定义为信号接收时间 t_{re} 与信号发射时间 t_{tr} 之间的差值乘以光速 c，即

$$
\rho = c(t_{re} - t_{tr})
\tag{2.16}
$$

因为用户接收机时钟、导航卫星时钟与系统时间均存在偏差，所以 ρ 被称为伪距。在卫星导航系统时间框架下，接收时刻、发射时刻与钟差的关系为

$$
\begin{cases}
t_{re}^{GNSS} = t_{re} - \delta t_u \\
t_{tr,i}^{GNSS} = t_{tr,i} - \delta t_{s,i}
\end{cases}
\tag{2.17}
$$

式中：t_{re}^{GNSS} 为在系统时间框架下的接收时刻；$t_{tr,i}^{GNSS}$ 为在系统时间框架下的发射时刻；δt_u 为接收机钟差；$\delta t_{s,i}$ 为卫星钟差，下标 i 表示导航卫星编号。

将式（2.17）代入式（2.16），得

$$
\rho = c(t_{re}^{GNSS} - t_{tr,i}^{GNSS}) + c(\delta t_u - \delta t_{s,i}) = d_i + c(\delta t_u - \delta t_{s,i})
\tag{2.18}
$$

将式（2.18）代入式（2.17），得

$$
\begin{cases}
\sqrt{(x_1 - x)^2 + (y_1 - y)^2 + (z_1 - z)^2} = \rho - c(\delta t_u - \delta t_{s,1}) \\
\sqrt{(x_2 - x)^2 + (y_2 - y)^2 + (z_2 - z)^2} = \rho - c(\delta t_u - \delta t_{s,2}) \\
\sqrt{(x_3 - x)^2 + (y_3 - y)^2 + (z_3 - z)^2} = \rho - c(\delta t_u - \delta t_{s,3}) \\
\sqrt{(x_4 - x)^2 + (y_4 - y)^2 + (z_4 - z)^2} = \rho - c(\delta t_u - \delta t_{s,4})
\end{cases}
\tag{2.19}
$$

式中：$(x_i, y_i, z_i, \delta t_{s,i}), i = 1, 2, \cdots, 4$ 为 4 颗导航卫星的位置和钟差，为已知量；ρ 为用户接收机实施信号处理得到的伪距测量值；$(x, y, z, \delta t_u)$ 为接收机的位置和钟差，为未知量。

求解上述 4 个方程组中的未知量，就可以实现定位授时。这就是卫星导航系统伪距定位授时的基本原理，式（2.19）称为伪距定位授时的基本方程。

可以看出，伪距定位授时的基本原理和基本方程是建立在两个基本前提之上的：接收机至少得到与 4 颗导航卫星之间的伪距，即式（2.19）中的 ρ；接收机获取导航卫星在空间基准框架中的坐标，以及导航卫星星上时间与系统时间的偏差，即式（2.19）中的 $(x_i, y_i, z_i, \delta t_{s,i}), i = 1, 2, \cdots, 4$。

2.4 大数据技术

当下人类正置身于数据的海洋，金融、工业、医疗、IT 等数据与各行各业的发展都息息相关，密不可分。数据资源和基础生活资源（水、电、食品等）、空间资源（航天器、飞机、高铁、汽车、轮船、潜艇等）、自然资源（矿产、林业、农业等）、医疗资源等战略资源的地位同样重要，人们每天网上购物、聊天，使用手机通话，在商场消费，上下班打卡，机场过安检等，人们的一举一动都在产生数据，而日常工作和生活甚至整个社会的向前发展都无时无刻不在受着大量数据的影响。数据潜在的巨大价值，得到了社会各界的广泛关注。

国际数据公司（International Data Corporation，IDC）曾发布一组监测数据：全球的数据量大致每两年翻一倍，而且半结构化或非结构化的数据成为绝大多数，占比可达 85%。根据网络报道，2020 年全球数据量达到了 60 ZB（1 ZB = 1.180 591 620 717 411 3×10^{21} B = 1×2^{30} PB）。

数据处理带来的巨大挑战摆在了 IT 专业人员面前。实际上，"大数据"并不是一个新鲜的名词，美国人在 20 世纪 80 年代就提了出来。"大数据"这个词在 2008 年 9 月美国 *Science* 杂志发表的 "Big Data：Science in the Peta Byte Era" 一文中出现之后，开始广泛地传播。

2.4.1 大数据的概念

研究机构 Gartner 给出的定义：大数据指的是只有运用新的处理模式才能具有更强的洞察发现力、决策力和流程优化能力的海量、多样化和高增长率的信息资产。

麦肯锡给出的定义：大数据是指用传统的数据库软件工具无法在一定时间内对其内容进行收集、储存、管理和分析的数据集合。

维基百科给出的定义：大数据指的是所涉及的资料量规模十分庞大，以至于无法通过当前主流的软件工具在适当时间内达到选取、管理、处理并且整理成为有助于企业经营决策的信息。

看得出来，不管在哪种定义下，大数据只是一种出现在数字化时代的现象，是一种新理念，就像 21 世纪初提出的"海量数据"概念一样。但是大数据和海量数据却有着本质的区别。从字面上讲，"大数据"和"海量数据"都来自英文的翻译，"big data"译为"大数据"，而"vast data"或者"large-scale data"则译为"海量数据"。而从组成的角度来看，大数据不仅包括海量数据的半结构化和结构化的交易数据，还包括交互数据和非结构化数据。Informatica 大中国区首席产品顾问更深入地指出，交易和交互数据集在内的所有数据集都包括在大数据内，它的规模和复杂程度远远超出了常规技术按照合理的期限和成本捕获、管理并处理这些数据集的能力范围。由此可见，海量数据处理、海量数据交互、海量数据交易将会是大数据的主要技术趋势。

20 世纪 60 年代，数据基本在文件中储存，应用程序直接对其进行管理；70 年代，人们构建了关系数据模型，数据库技术为数据存储提供了一种新的手段；80 年代中期，由于具有面向主题、集成性、时变性和非易失性特点，数据仓库成为数据分析和联机分析的主要平台，非关系型数据库和基于 Web 的数据库等技术随着网络的普及和 Web2.0 网站的兴起应运而生。目前，各种类型的数据伴随着社交网络和智能手机的广泛使用呈现指数增长的态势，逐渐超出了传统关系型数据库的处理能力的范围，数据中潜在的规则和关系难以被发现，这个难题通过运用大数据技术却能够得到很好的解决，大数据技术可以在能够承受的成本范围内，在较短的时间中，将从数据仓库中采集到的数据，运用分布式技术框架对非关系型数据进行异质性处理，经过数据挖掘和分析，从海量、类别繁多的数据中提取价值。大数据技术将会成为 IT 业内新一代的技术和架构。

大数据是存储介质的不断扩容及信息获取技术不断发展的必然产物。有一句名言说道：人类之前延续的是文明，现在传承的是信息。从中能够看出，数据对人们现在的生活产生了多么深刻的影响。

2.4.2　大数据的特征

业界将大数据的特征归纳为"4V"，Volume（大量）、Variety（多样）、Velocity（快速）、Value（价值）。

（1）数据体量巨大（Volume）。大数据一般指 10 TB 规模以上的数据量。产生如此庞大的数据量，一是因为各种仪器的使用，让人们可以感知到更多的事物，这些事物部分乃至所有的数据都被存储起来；二是因为通信工具的使用，让人们能够全天候沟通联系，交流的数据量也因为机器-机器（machine to machine，M2M）方式的出现而成倍增长；三是因为集成电路的成本不断降低，大量事物拥有了智能的成分。

（2）数据种类繁多（Variety）。随着传感器的种类不断增多，智能设备、社交网络等逐渐盛行，数据的类型也变得越发复杂，不但包括传统的关系数据类，还包括文档、电子邮件、网页、音频、视频等形式存在的、未加工的、非结构化的和半结构化的数据。

（3）价值密度低（Value）。虽然数据量呈现指数增长的趋势，但隐藏在海量数据中有价值的信息没有对应增长，海量数据反而加大了人们获得有用信息的难度。以视频监控为例，长达数小时的监控过程，有价值的数据可能只有几秒钟而已。

（4）流动速度快（Velocity）。一般来讲，人们所理解的速度是指数据的获取、存储及挖掘有效信息的速度。但目前处理的数据已经从 TB 级上升到 PB 级，因为"海量数据"及"超大规模数据"同样具有规模大的特点，所以强调数据是快速动态变化的，形成流式数据则成为大数据的重要特征，数据流动的速度之快以至于很难再用传统的系统去处理。

大数据的"4V"特征表明其数据海量，大数据分析更复杂，更追求速度，更注重实际的效益。

2.4.3　大数据应用的相关技术

1. 数据收集技术

数据的收集是大数据应用的基础和核心，只有存储了大量数据信息，才能更好地实现信息的共享应用。而信息资源的收集涉及面宽、数量大、变化快，为了满足信息应用不断扩大的需求，建立一套符合实际情况的数据收集方案和技术很有必要。

1）未电子化结构化的数据收集

未电子化结构化的数据是指目前依然存在于纸介质文件文档中的数据，主要是新产生的纸质的文件、报告和档案馆保存的历史档案、文件。需要按要求选择并录入计算机数据库。

这类数据的录入基本上有两种方法：一种是手工录入文档数据；另一种是电子扫描录入文档数据。

（1）手工录入文档数据。手工录入文档数据就是把文档逐字键入计算机中。其中的插图需扫描，为保证准确率，录入过程需要多次检查。特点是：工作量大，差错率高且不易保持原貌，优点是文件格式可以为 txt、doc 等，可以直接剪切、粘贴等编辑再利用。

编制数据录入程序直接把数据录入数据库，即由数据录入程序提供一个界面，让录入人员通过这个界面把数据录入数据库。一个优良的录入程序应当具备如下 6 个功能。

第一，录入界面中字段出现的次序及排列要与被录入数据出现的次序及排列一致。避免录入人不断地前后翻阅、查找数据，降低录入速度和效率。

第二，编程者需考虑录入数据的规律，尽可能提供数值选择，或通过下拉菜单、或通过栏目选择区，让录入者从中选取，避免出现不统一的简化名称、错别字、大小写等诸多差异。尤其是关键字段，一旦出现不同就会给今后的数据应用带来问题。

第三，对有上下关联的数据记录可以将上条记录带入新录入的记录，以提供修改。比如，钻井液性能、钻时、井斜等数据，下一条记录和上一条记录有许多相同之处，在上条记录的基础上修改就能很快形成新记录，给录入人员减轻工作强度，提高工作效率。

第四，数据的自我校正功能。每一学科的数据都有其内在的规律，它们相互联系、相互制约，利用这些规律，在录入人员提交数据的时候，计算机程序自动校对，及时提出疑问，让录入人员马上复查更正，会大大节约工时，提高数据的准确率。

第五，好的适应性。一旦数据表出现调整，不用编程人员参与，数据录入人员自己重新定制一下界面就能解决问题。比如制作一个中间池，由使用人员自己定制所需字段和排列次序。这样也能及时调整程序编制时数据字段出现位置不当的问题，毕竟编程人员对数据的了解不及数据录入人员。编制数据录入程序的方法适用于数据还在前端页面，还没最终保存到后台计算机。此方法特点是便于推广，培训任务小，数据质量易于保证，缺点是增加了编程工作量。

第六，利用成熟工具，例如 Excel。将尚未录入计算机中的数据键入 Excel 表格中，然后再编制相应程序将数据导入数据库是数据收集的一种方法。这种方法要求定义好

Excel 表格模板，每张表有几列，每列数据是什么格式，规定好数值型、文本型、日期型等。录入数据时可以利用 Excel 的自带函数，设置两张表中相对单元格中数据的自动对比，用不同颜色显示两张表的数据异同，从而提高两人在同时录入相同的数据时数据录入的质量。该方法编程量小，在录入人员熟悉 Excel 的前提下，培训工作量小，适合大批量集中录入数据。但是要求录入人员有自律性，不能改动数据列的数据格式。

（2）电子扫描录入文档数据。将原始文档用扫描仪扫描下来，整理后保存。首先，根据文档的幅面（B5、A4、A3）选择扫描仪。然后，设置扫描参数，当然颜色、分辨率也不是越高越好，经过试验，推理采用灰度模式、200DPI、jpg 格式，而后转成 pdf 格式保存。扫描好的文件在保持清晰的前提下，其大小也要适中。如果用户追求真彩色、高分辨率，扫描文件会几何级数变大，这不利于保存、管理和今后的查询调用。最后，文档扫描后需要：校斜，对原始扫描件进行校斜处理；拼接，对插图等大幅面内容分开扫描再进行拼接；去噪、消蓝，去掉文档原稿中的蓝印、发黄等，填补缺失文字、表格，即老的、陈旧的档案，经常出现字迹不清、纸质破残、内容缺失等情况，需要有经验的专家进行补充处理。扫描处理的最终目标：保持原貌，字迹、表格、图形能看清楚；不能出现错页、缺页。扫描处理的特点是保持原样，工作量相对较小，缺点是 pdf 格式文件不能做切割、粘贴等编辑再利用。如果扫描保存的文件改成 doc 格式，则需要文字识别软件，但会失去保持原貌的优势，增加校对的工作量。

2）电子化数据的收集

电子化数据是指那些保存在磁盘、光盘等非纸介质的文件、图形，格式多为 txt、doc、ppt、pdf、jpg 等。它们的收集就是要编目保存，大致字段包括标题、生成日期、简要介绍（关键字）、作者和文档本身，以利于今后的查询和利用。

计算机信息化发展到今天，每个单位都有应用系统在运行。对工作对象进行描述的数据基本都已经进入计算机中，是电子化数据。新建系统是对已有系统的整合或扩充，除新增数据需要录入外，已有电子化数据只需导入即可。数据导入的前提是了解原库与目标库的结构，清楚两个数据库中的内容和格式，依据环境条件又分为以下几类。

（1）数据库之间导入数据。也就是说，数据源是一个在用的数据库，不管它是 Oracle、Sybase、Access、Foxpro 或其他类型，只要给出读取权限，主要任务就是了解其内容、结构，选取需要的表、字段，编程将数据读取出来，然后存入目标数据库中。因为数据在原库中就有确定的类型、长度及命名，所以只要不出现张冠李戴的程序错误，数据就会成功导入。

数据库之间的数据传导又分为一次性导入和持续性导入。顾名思义，一次性导入就是把所有数据一次导入目标库中，今后不再做导入工作。而持续性导入就是今后还会定期地做数据导入工作，这时程序就要设置触发点，要求根据具体情况设定手动执行，还是由计算机自动运行。自动运行需要设定每天还是每周的某个时刻开始计算机自动运行导入程序，需要增加判断，判断哪些是新增加的需要导入的数据，哪些是已经有的老数据不需导入。

（2）Excel 表中数据的导入。将存在于 Excel 表中的数据导入指定的数据库中。考虑

Excel 表中的数据有很大的随意性，即每个单元格的数据类型格式可以互不相同，不管是否同列或同行，同一列中，上一单元格可能是数值型，下一单元格就可能是字符型，或者日期型，甚至会出现一个单元格中有两个数据，比如"XX.XX-XX.XX"。因为早先设计表时不可能考虑后期的数据传导，其表格就不会像新录的数据一样设置统一、标准的模板，所以需要在数据导入前进行数据审查、人机联作、发现问题及时调整，直到将一列数据都统一成一个类型。其后的数据传导就是和数据的对接了。

如果不进行数据审查直接导入数据，程序运行中会经常报错，甚至将变形的数据导入数据库中，形成数据错误。审查数据应格外关注数值列出现字符，比如产量，平常是数值 XX 吨，突然出现一个"少量"字符等。

数据收集是与企业结合紧密的工作之一，要尽可能地方便使用者，企业的组织和工序也是经常变动的，因此程序一定要灵活、可调整。为了程序更有生命力，应当选用企业维护者熟悉的编程语言，以方便企业人员自己修改、完善。

3）Packetsniffer 技术

Packetsniffer 即包嗅探技术，它是通过侦听从 Web 服务器发送的数据包来获得企业网站中蕴含的数据。Packetsniffer 技术可以：①通过侦听包还原每个 Web 服务器的内容，包括产品信息、用户访问过的信息、用户的基本信息等，因此可以获得比 Web 日志中更多的内容；②作为独立的第三方应用程序部署在 Web 服务器端，不需要改动现有的应用架构。

4）在应用服务器端收集数据

基于以上三种数据收集方法的缺陷，当前业界提出了一种新的方法，即在应用服务器端收集数据。首先应该先了解多层应用框架的概念，它是针对 C/S 模式两层应用框架提出的。在多层（4 层）结构的 Web 技术中，数据库不是直接向每个客户机提供服务，而是与 Web 服务器沟通，实现了对客户信息服务的动态性、实时性和交互性。这种功能是通过诸如通用网关接口（common gateway interface，CGI）、因特网服务器应用编程接口（internet server application programming interface，ISAPI）、网络服务接入点标识符（network service access point identifier，NSAPI）及 Java 创建的服务器应用程序实现的。

Web 服务器可以解析超文本传输协议（hypertext transfer protocol，HTTP）。当 Web 服务器接收到一个 HTTP 请求，会返回一个 HTTP 响应，如送回一个超文本链接标记语言（hypertext markup language，HTML）页面。为了处理一个请求，Web 服务器可以响应一个静态页面或图片进行页面跳转，或者把动态响应的产生委托给一些其他的程序，例如通用网关接口脚本、Java 服务器页面（Java server pages，JSP）脚本、Servlets，动态服务器页面（active server pages，ASP）脚本、服务器端 JavaScript，或者一些其他的服务器端技术。无论它们（脚本）的目的如何，这些服务器端的程序通常产生一个 HTML 网页反馈给客户层的浏览器。然后由应用程序服务器（the application server）通过各种协议，包括 HTTP，把商业逻辑暴露给客户端应用程序。Web 服务器主要是处理向客户层浏览器发送 HTML 以供浏览，而应用程序服务器提供访问商业逻辑的途径以供客户端应用程序使用。应用程序使用该商业逻辑就像调用对象的一个方法（或过程语言中的一个函数）一样。在大多数情形下，应用程序服务器是通过组件的应用程序接口（API）把商业逻辑暴露给客户端应用程序。此外，应用程序服务器可以管理自己的资源，例如安全、事务处理、资源池和消息。

2. 数据存储技术

因特网的广泛应用和互联网技术的蓬勃发展，推动了全球化电子商务、大型门户网站和无纸化办公的大规模开展。在各种应用系统的存储设备上，信息正以数据存储的方式高速增长，不断推进着全球信息化的进程。在这一进程中企业对应用数据要尽可能实现 365 天×24 小时的高可用性，随之而来的是海量存储需求的不断增加。虽然文件服务器和数据库服务器存储容量在不断扩充，可还是会碰到空间在成倍增长，用户仍会抱怨容量不够用的情况，也正是用户对数据存储空间需求的不断增加，推动着海量数据存储技术发生革命性的变化。

1）海量数据存储的种类

海量数据存储介质分为磁带、光盘和磁盘三大类，分别具有不同的数据存储特点，如表 2.1 所示。

表 2.1　三种不同存储介质存储比较

存储介质	介质优点	介质缺点	数据存储速度	应用环境
磁带	容量大，保存时间长	数据顺序检索，定位时间长	慢	海量数据的定期备份
光盘	单位存储成本低，携带方便	表面易磨损，寿命短	快	海量数据的离线存储
磁盘	数据读取、写入速度快，操作方便	发热量大，噪声大，硬盘易损	很快	海量数据的即时存取

（1）磁带存储。磁带主要有数码音频磁带（digital audio tape，DAT）、先进智能磁带（advanced intelligent tape，AIT）、开放线性磁带（linear tape-open，LTO）、数字线性磁带（digital linear tape，DLT）、超级数字线性磁带（super digital linear tape，SDLT）5 种。

（2）磁盘存储。磁盘阵列又称为廉价磁盘冗余阵列（redundant array of inexpensive disks，RAID），是指使用多个类型、容量、接口的磁盘，在磁盘控制器的管理下按照特定的方式组成特定的磁盘组合，从而快速、准确和安全地读写磁盘数据，同时能够有效地避免出现一个或多个磁盘损坏时数据丢失，并能够在更换损坏磁盘后快速恢复原有数据，保证系统数据的高可靠性（王良莹，2011）。

（3）光盘存储。光盘上的记录信息不易被破坏，具有存储密度高、容量大、检索时间短、易于复制、保存时间长、应用领域广等诸多优点，因此光盘海量存储技术被大量应用。

2）海量存储模式

海量数据存储需要具有良好的数据容错性和系统稳定性。

数据容错性方面，能够在发生部分数据错误时，支持在线数据恢复与重建，不影响系统的正常运行。

系统稳定性方面，正逐步由直接附加存储（direct attached storage，DAS）向网络附加存储发展，通过专用存储网络实现存储设备的高效互联。

3）海量数据虚拟存储技术

由于生产存储系统的厂商不同，存储设备型号也会不同，同时服务器操作平台更不相同。虚拟存储就是整合各种存储物理设备为一个整体，从而实现在公共控制平台下集中存储资源，统一存储设备的管理，方便用户的数据操作，简化复杂的存储管理配置（如系统升级、改变 RAID 级别、初始化逻辑卷、建立和分配虚拟磁盘、存储空间扩容等），使系统提供完整、便捷的数据存储功能。

虚拟存储技术是在用户操作系统看到的存储设备与实际物理存储设备之间搭建了一个虚拟的操作平台，这样从应用程序一直到最终的数据端都可以实施虚拟存储。虚拟化技术的最终功能可以在服务器、网络和存储设备这三个层面上实现，即主机、网络和存储设备三个部分都可实施虚拟存储（宫宇峰 等，2006）。

4）海量数据存储未来趋势

在存储介质方面，磁带、光盘、磁盘作为数据存储的主要载体，正向着小型化、大容量、高速读写、高可靠性方向发展。这三类主要存储介质还可能同时存在一段时间，随着科技的进步与发展，全新的存储介质也许会很快出现。

在存储管理方面，海量数据存储管理能力将不断提升，管理便捷、简单易用、成本降低，同时可获得更大的存储容量、更高的读写速度和更高的可靠性能。

3. 数据预处理技术

从海量的数据中挖掘出有价值的信息，实现"普通数据→信息→知识"的飞跃，数据预处理技术发挥了不可或缺的作用。在数据应用过程中，数据库通常会因为数据量过大、异构数据源等，而使挖掘过程受到数据缺损、数据杂乱、数据含噪声等"脏数据"的影响，如表 2.2 所示。

表 2.2 "脏数据"产生的主要原因及其描述

原因	描述
数据缺损	数据记录中的属性值丢失或不确定；缺少必要的数据；数据记录中的信息模糊
数据杂乱	原始数据缺乏统一的标准和定义，数据结构不同，不能直接融合使用；存在大量的冗余信息
数据含噪声	数据中包含很多错误或孤立点值，其中相当一部分孤立点值是垃圾数据

数据预处理主要理解用户的需求，确定发现任务，抽取与发现任务相关的知识源。根据背景知识中的约束性规则，对数据进行检查，通过清理和归纳等操作生成供挖掘核心算法使用的目标数据。数据预处理一般包括数据清洗、数据集成、数据变换和数据归约几个环节（李华锋 等，2010）。

1）数据清洗

数据清洗目的是填补数据集的遗漏数据，去除噪声数据，清洗"脏数据"等。

（1）处理空值数据。设备故障、录入缺失、数据改变等原因导致产生了数据空值，需要进行填补。常用处理方法包括数据忽略、特定数值填充、人工填补等。

（2）处理噪声数据。因数据收集、录入、传输及解析等环节发生的错误或偏差导致的一些不正确的数据。常用处理方法包括回归分析、聚类分析、人机结合校验等。

（3）纠正不一致数据。因数据源、数据结构不同，导致多个数据间存在名称、结构、单位、含义等方面的差异。需要按照统一要求对相关数据进行自动或手动的标准化处理，生成相同标准的数据结构和结果。常用处理方法包括 Sorted-Neighborhood（根据用户的定义对整个数据集进行排序，以提高匹配结果的准确性）、FuzzyMatch/Merge（将规范化处理后的数据记录进行两两比较，并根据一些模糊的策略合并两两比较的结果）等（李华锋 等，2010）。

（4）数据简化。在对数据特征和应用任务的充分理解基础上，持续优化数据结构，压缩数据内容，从而更好地降低数据量，提升应用便利度。

2）数据集成

数据集成是将多个数据源中的异构数据进行合并处理，统合起来放在一致的数据存储中。常见的数据集成方法有模式集成、数据复制及综合集成。

（1）模式集成。通过统一描述数据源共享数据的结构、语义和操作，适当转换消除数据间的异构性，将各数据源的数据视图集成为全局模式。用户可直接在全局模式的基础上提交访问请求，从而按照全局模式透明地访问各数据源的数据。

（2）数据复制。将多个数据源的数据统合到一个数据结构上，并通过校验提升数据的一致性。

（3）综合集成。综合模式集成、数据复制两种方式（表2.3），仍用虚拟的数据模式视图供用户使用，同时能够对数据源间常用的数据进行复制。对于用户简单的访问请求，尽力通过数据复制方式，在单一数据源上满足用户的访问需求；而对于用户复杂的访问请求，无法通过数据复制方式实现时，才使用虚拟视图方式。

表 2.3   两种数据集成方法的比较

项目	模式集成	数据复制
适用情况	被集成系统规模大，数据更新频繁，数据实时一致性要求高，数据机密性要求较高	数据源相对稳定，数据源分布较广，网络延迟大，数据备份
优点	实时一致性好，透明度高	执行效率高，网络依赖性弱
缺点	执行效率低，网络依赖性强，算法复杂	实时一致性差

3）数据变换

数据变换是通过数学变换方法将数据转换成适合挖掘的形式。数据变换方法主要包括：①平滑变换，去除噪声数据，主要包括回归分析、聚类分析等技术；②聚集变换，对数据进行汇总和聚集；③属性构造，通过现有属性构造新的属性；④数据泛化，使用概念分层，用高层概念替换低层或"原始"数据；⑤规范化，将属性数据按比例缩放，使之落入特定的区间，主要包括最小-最大规范化、z-score 规范化和按 x 小数定标规范化等（王树航 等，2020）。

4）数据规约

数据规约就是在减少数据存储空间的同时，尽可能保证数据的完整性，从而获得比原始数据小得多的数据。对规约数据的挖掘所耗费的系统资源会明显减少，挖掘的效率也会更高。常见的数据规约方法有：①维规约，通过删除不相关的属性（维）来减少数据量，如果用户在数据简化过程中已经做了属性选择操作，则此时的维规约操作可从简；②数据压缩，通过对数据的压缩或重新编码，得到比原数据占用空间更小的数据格式；③数值规约，通过选择数值较小或替代的表示方式来减少数据量（李华锋 等，2010）。

4. 知识图谱技术

知识图谱由一些相互连接的实体和它们的属性构成。换句话说，知识图谱由一条条知识组成，每条知识表示为一个主语-谓语-宾语（subject-predicate-object，SPO）三元组。

首先，知识图谱是一种特殊的图数据。具体来说，知识图谱是一种带标记的有向属性图。知识图谱中每个结点都有若干个属性和属性值，实体与实体之间的边表示的是结点之间的关系，边的指向方向表示了关系的方向，而边上的标记表示了关系的类型。

其次，知识图谱是一种人类可识别且对机器友好的知识表示。知识图谱采用了人类易识别的字符串来标识各元素；同时，图数据作为一种通用的数据结构，可以很容易地被计算机识别和处理。

再次，知识图谱自带语义，蕴含逻辑含义和规则，拥有极强的表达能力和建模灵活性。知识图谱中的结点对应现实世界中的实体或者概念，每条边或属性也对应现实中的一条知识。在此基础之上，可以根据人类定义的规则，推导出知识图谱数据中没有明确给出的知识。

1）知识图谱的分类及应用场景

知识图谱按应用深度主要可以分为通用知识图谱、行业知识图谱两大类。

（1）通用知识图谱，通俗讲就是大众版，没有特别深的行业知识及专业内容，主要应用于面向互联网的搜索、推荐、问答等业务场景，解决科普类、常识类等问题。

（2）行业知识图谱，通俗讲就是专业版，根据对某个行业或细分领域的深入研究而定制的版本，主要是解决当前行业或细分领域的专业问题，通常用于辅助各种复杂的分析应用或决策支持。

2）知识图谱的构建步骤

知识图谱构建需要经过知识建模、知识获取、知识融合、知识存储和知识应用 5 大步骤。

（1）知识建模。构建多层级知识体系，将抽象的知识、属性、关联关系等信息，进行定义、组织、管理，转换成现实的数据库表结构。依托节点实现不同来源数据的统一映射；依托属性实现不同节点的全方位描述；依托关系描述节点间的关联；依托节点链接实现多源信息的关联存储；依托时间机制实现节点、属性、关联的动态发展。

（2）知识获取。将不同来源、不同结构的数据转换成图谱数据，通过知识标引、知识推理等一系列处理，保障数据的有效性和完整性。

（3）知识融合。将多个来源、重复的知识信息进行融合，包括规则融合、手动融合。

（4）知识存储。按照应用任务需求，设计和构建合理的知识存储方案，支持知识灵活拓展、多样应用。

（5）知识应用。能够形成知识图谱开发工具包，提供图谱管理、图谱分析计算、可视化等能力，支持面向应用的能力拓展。

2.5　云　技　术

云技术（cloud technology）是指依托网络将硬件、软件、数据等资源统一起来，实现统合计算、储存、处理和共享的一种通用技术，可为"数字地球+"分布式资源虚拟整合提供关键技术支撑，其中重点是云计算和云存储技术。

2.5.1　云计算的问题

1. 云计算中心的计算机性能问题

云计算中心以集群计算为主，其中大量的节点通过互操作形成面向用户的虚拟服务器。据分析，Google 计算中心的服务器集群可能是由至少分布在 25 个地区、超过 4 万台的普通计算机组成的（李德毅，2010），而 Amazon 和 Salesforce 的计算中心则可能分别运行着由约 10 万台和千余台普通计算机组成的集群系统。正因为云计算服务于大众用户相对独立的需求，服务器集群用于响应不同用户请求的任务的依赖性、交叉性也大为降低，这种松耦合的任务甚至使云计算中心可以"使用尼龙拉链将计算机固定在高高的金属架上，一旦出现故障便于更换"。

高性能计算机的服务对象是各个科学计算领域，主要集中在能源、制造、天气预报、核爆、流体力学和天文计算等领域。2010 年高性能计算机 Top500 排名第一的 XT5（Jaguar），在 Linpack 测试中的运算速度为 1.75 千万亿次/s，采用了近 25 万个计算核心，理论峰值的计算速度可达 2.3 千万亿次/s。高性能计算机重要的追求目标是提高计算处理的速度，在 Linpack 测试中取得更高的性能参数。

云技术中心的服务往往需要面向大众用户的多样化应用，包括大规模搜索、网络存储和网络商务等，其应该更多地具备为数以千万计的不同种类应用提供高质量服务环境的能力，并且能有效地适应用户需求和业务创新。与超级计算中心相比，云技术完成了从传统的、面向任务的单一计算模式向现代的、面向服务的规模化、专业化计算模式的转变。可见，部署于高性能计算中心的计算机适合解决要求高并发计算的科学问题，但未必适合云技术模式（孙香花，2011）。

2. 云计算安全问题

资源共享的云计算，促使人们尤其关心云安全。云计算作为一种基于互联网的计算模式，不可避免地出现诸如安全漏洞、病毒侵害、恶意攻击及信息泄露等既有信息系统中普遍存在的共性安全问题。因此，传统的信息安全技术将会继续应用在云计算中心本身的安全管理上，同时云计算本身的信息安全技术手段也在不断发展中。安全即服务（security as a service，SaaS）将成为云计算的重要组成，可提供现集约化和专业化的安全服务，改变当前人人都在打补丁、个个都在杀病毒的状况；同时可提供云备份服务。

用户在使用云计算过程中的关注焦点将从云安全逐步转移到云信任上，逐步发展成为信任和信任管理问题。如何理解云服务中心与大众用户之间的信任关系呢？在从传统的、自有的数据中心转向云计算中心的过程中，用户所面临的信任问题可以用银行存款的发展过程来打一个通俗的比方。过去的人可能认为把钱放在自己家里的某些隐蔽处最安全、最放心，但随着银行服务的发展，大家更多的是与银行签订服务契约，把钱存在银行里，由银行来保管。个人或者企业的敏感信息也具有某种相似性。用户为什么会将最敏感的数据交给云服务中心去管理？在缺乏信任管理、机制和技术保障的单机和互联网前期，恐怕大多数人都不放心。因为要防止数据的意外泄露、隐私被掌控等，所以此时数据还是放在自有的信息系统中，由用户自己来负责较为安全，如安装防火墙、杀毒软件、数据备份等。但是，随着云计算的快速发展，用户不一定非要将敏感信息放在自己身边。

3. 云计算的标准化问题

云计算的本质是为用户提供各种类型和可变粒度的虚拟化服务，同时支持服务间的互联、互通和互操作。

云计算下任何可用的计算资源都以服务的形态存在，不同商业企业或组织已经在已有协议的基础上，如简单对象访问协议（simple object access protocol，SOAP）、Web 服务描述语言（Web services description language，WSDL）和通用描述、发现与集成（universal description，discovery and integration，UDDI）服务等，逐步发展形成了内部的数据和服务，但其语法和语义上的差异导致不同云计算间难以进行高效的信息交换和控制。为此，迫切需要制定更高层次的开放与互操作性协议和规范来实现云（服务）-端（用户）及云-云间的互操作。

在相关标准方面，国际标准化组织 ISO/IECJTCISC32 制定了 ISO/IEC19763 系列标准-互操作性元模型框架（metamodel framework for interoperability，MFI），从模型注册、本体注册、模型映射等角度对注册信息资源的基本管理提供了参考，能够促进软件服务之间的互操作。其中，中国参与制定的 ISO/IEC19763-3 本体注册元模型已正式发布。

2.5.2　云计算的分类

1. 按服务类型分类

按服务类型（为用户提供什么样的服务，通过这样的服务用户可以获得什么样的资源）的不同，云计算可分为基础设施云（infrastructure cloud）、平台云（platform cloud）和应用云（application cloud）三种（程涛，2013）。

（1）基础设施云，能够提供底层的、近直接操作硬件资源的能力，不对其上运行的应用做出任何假设。其用户能够不受限制地直接获取相关计算、存储、网络等能力，但需要开展大量的设计和研发工作来构建其上运行的各类应用。

（2）平台云，能够提供一个资源托管平台，对编程语言、编程框架、数据模型等进行约束。其用户能够遵循平台云的相关约束研发各类应用功能，同时能够较为便捷地将其开发或运营的相关应用托管到云平台中。

（3）应用云，能够直接提供某一项/类特定功能的应用。其用户能够直接进行应用，但难以进行复用、拓展。

2. 按部署范围分类

按部署范围的不同，云计算可以分为公有云（public cloud）、私有云（private cloud）和混合云（hybrid cloud）三种（邹译达，2016）。

（1）公有云，是指云服务提供商依托互联网搭建的云，其提供的服务可供授权用户按需访问。其用户所属应用程序、服务及相关数据都存放在公有云内，可直接依靠接入网络的终端获取相关服务。共用云模式下，应用和数据不存储在用户自己的数据中心，导致其安全性和可用性存在一定隐患。

（2）私有云，是指企业使用自有基础设施构建的云，其提供的服务仅供自己内部人员或分支机构使用。私有云正成为企业应用的主流形态，适用于有众多分支机构的大型企业或政府部门。私有云模式下，应用、数据均由企业自行控制，具备较强的安全性和可用性；但其建设投资规模大，成本高，维护难度高。

（3）混合云，是指公有云、私有云混合应用的云，其提供的服务既可内部使用，又可供别人调用。混合云可以结合公有云和私有云的优势，但其部署维护要求较高。

2.5.3　云计算与传统计算的区别

1. 云计算与网格计算的区别

IanFoster 将网格定义为支持在动态变化的分布式虚拟组织（virtual organizations）间共享资源、协同解决问题的系统。所谓虚拟组织，就是一些个人、组织或资源的动态组合（曾浩，2011）。

网格计算系统是一种资源共享模型，其中资源提供者可以成为资源消费者，旨在将分散的资源组合成动态虚拟组织。相比之下，云计算系统则采用生产者-消费者模型，将多个计算集群通过网络连接，为用户提供数据处理服务。

在云计算中，任务调度的重点是将计算任务与存储资源相关联，从而实现更高效的数据处理。而在网格计算中，任务调度主要关注计算资源的分布和可用性，而不强调与存储资源的相关性。云计算相比于网格计算，更进一步将硬件资源虚拟化，并灵活运用虚拟机技术来管理资源，从而提高任务的可靠性和容错能力。网格计算中节点的操作系统必须保持一致，而云计算则可以在不同的操作系统环境下提供服务，使得管理更加灵活和便捷。另外，网格计算和云计算在付费方式上有着显著的不同。网格计算按照固定的资费标准收费或者若干组织之间共享空闲资源，而云计算则采用计时收费及服务等级协议的模式收费。

2. 云计算系统与传统超级计算机的区别

超级计算机采用了数百到数千个处理器的集群技术，可以完成规模更大、难度更高的计算问题，这是其他计算机无法胜任的。通常而言，超级计算机的规格和性能也比普通计算机强大很多，当前超级计算机的计算速度普遍可以达到 1 万亿次/s 以上。云计算采用数据为中心的计算方式，并注重系统的运算速度。相比之下，传统的超级计算机能耗巨大，而且维护难度高。云计算通过分布式计算提供共享的软硬件资源和信息，使计算更加高效。

总之，云计算是将分散的应用程序运行在相对集中的资源上，而超级计算则是将分散的资源集中在一起，以支持大型集中式应用程序。然而，它们的共同目的是解决因特网应用所面临的挑战，例如支持应用程序、解决异构问题和资源共享等。

2.5.4　云计算技术的实质

云计算的基本思想是将计算资源集中在一起，为用户提供服务，这种思想体现了并行计算、分布式计算和网格计算的特点。虽然云计算和并行计算、分布式计算、网格计算都涉及计算方面，但是它们所关注的内容不同，云计算并不属于前三者所涵盖的计算方式。虽然并行计算、分布式计算和网格计算是计算领域的概念，但它们不属于计算科学，而云计算则是一种计算模式和商业模式，包括技术、服务和应用等方面。

在云计算中，用户可以直接购买或租用计算资源，而不需要像并行计算、分布式计算和网格计算那样自己贡献计算资源，这使得云计算更像是一种 IT 资源的商业模式。云供应商的实现方式不是采用广域全分布式结构，而是利用数据中心内的服务器集群来构建云。这种方式提高了效率、稳定性和可靠性。云计算的目标是让 IT 资源像公共设施一样提供、使用和收费，从而降低资源管理成本，并提高资源使用的灵活性。

云计算借助高速互联网的传输能力，将数据处理过程从个人计算机或服务器迁移到互联网上的计算机集群中。这些计算机都是普通的工业标准服务器，由一个大型的数据处理中心进行管理。数据中心根据客户的需要及时聚合、重组和分配资源，以达到与超级计算机相似的效果（刘宇芳，2010）。

2.5.5 云存储模型及技术

云存储是在云计算概念上发展而来的新技术。云计算能够处理更大量的数据，被视为下一代互联网计算和数据中心，它是分布式计算、并行计算和网格计算的进一步发展。云计算技术能够通过网络将大规模的计算处理程序分割成无数小的子程序，并由多部服务器组成的庞大系统进行计算分析，最终将处理结果返回给用户。

云存储是一种通过网络协同工作的存储系统，可以为用户提供高效、可靠、可扩展的数据存储和访问服务。

1. 云存储系统的结构模型

云存储是一个复杂的系统，由多个部分组成，包括网络设备、存储设备、服务器、应用软件、公用访问接口、接入网和客户端程序等，这些部分以存储设备为核心，相互协作，为用户提供数据存储和业务访问服务。

（1）存储层：云存储最基础的部分。存储层的设备种类繁多，包括光纤通道（fibre channel，FC）存储设备、网络附属存储（network attached storage，NAS）设备、Internet 小型计算机系统接口（Internet small computer system interface，iSCSI）等 IP 存储设备和直连式存储（direct-attached storage，DAS）设备，这些设备能够存储大量的数据，供应用程序访问和使用。在云存储中，有大量的存储设备分布在不同地域，通过网络连接到一起。管理系统实现了存储设备的虚拟化管理、冗余备份及硬件状态监控和维护功能，为用户提供高可用性和可靠性的云存储服务。

（2）基础管理层：云存储最核心的部分，也是最具挑战性的部分。基础管理层通过集群系统、分布式文件系统和网格计算等技术实现存储设备之间的协同工作，使得多个存储设备可以对外提供同一种服务，并且提供更高效、更可靠的数据访问性能。云存储中采用了内容分发网络（content delivery network，CDN）和数据加密技术来保护数据的安全性。CDN 可以提高数据的传输速度和可用性；数据加密技术则可以保护数据不被未授权的用户所访问，确保数据的安全性。

（3）应用接口层：云存储最灵活多变的部分。不同的云存储服务提供商可以根据不同的业务需求开发不同的应用服务接口，提供各种应用服务，例如基于 IP 协议的电视广播服务、视频点播应用平台、网络硬盘应用平台和远程数据备份应用平台等。

（4）访问层：云存储系统的访问层是非常重要的，授权用户可以通过标准的公用应用接口来登录并使用云存储服务。不同的云存储运营商提供的访问类型和访问手段也会有所不同，用户可以根据自己的需求选择合适的访问方式。

2. 云数据存储技术

云计算利用分布式存储和冗余存储技术来避免数据丢失，确保数据的完整性和可靠性。由于云计算系统需要同时为多个用户提供服务，它的数据存储技术必须具有高吞吐能力和高传输速率的特征。

云计算的数据存储技术主要有 Google 非开源的 Google 文件系统（Google file system，GFS）和 Hadoop 开发团队开发的开源的 Hadoop 分布式文件系统（Hadoop distributed file system，HDFS）。大部分 IT 厂商，包括 Yahoo、Intel 的"云"计划采用的都是 HDFS 的数据存储技术（张琦，2017）。未来的趋势将集中在超大规模的数据存储、数据加密和安全性保证方面，同时加速率的提高也将继续受到关注。

1）GFS

GFS 是谷歌公司开发的分布式文件系统，旨在提供高容错性、高性能、可扩展性和可靠性的数据存储解决方案。GFS 适用于大规模数据处理场景，尤其是适用于数据中心存储和处理海量数据的应用。

GFS 的主要特点和架构如下。

（1）主要特点

大规模：GFS 可以管理 PB 级别的数据，适用于大规模数据存储和处理场景。

可扩展性：GFS 可以轻松扩展，支持动态添加和删除节点，以及自动迁移数据和负载均衡等功能。

高容错性：GFS 的设计具有高容错性，可以在节点故障和数据损坏等情况下保证数据的安全性和可用性。

高性能：GFS 的设计可以提供高吞吐量和低延迟的数据读写服务。

数据一致性：GFS 保证了数据的一致性，提供了强一致性和弱一致性两种一致性模型。

（2）架构

GFS 由三种类型的节点组成：Master 节点、ChunkServer 节点和 Client 节点。其中，Master 节点是系统的控制节点，负责协调各个 ChunkServer 节点，管理文件系统元数据信息，以及处理客户端请求等。ChunkServer 节点是数据存储节点，负责存储数据块和处理读写请求等。Client 节点是文件系统的访问节点，负责向 Master 节点发送元数据请求和向 ChunkServer 节点发送数据读写请求等。

GFS 采用分块存储的方式，将文件数据分成多个固定大小的数据块，并将这些数据块分散存储在多个 ChunkServer 节点上，以提高数据读写的并行度和吞吐量。同时，GFS 也提供了多种数据恢复和错误检测机制，以保证数据的可靠性和一致性。

GFS 客户端代码的主要功能是管理文件的读写操作，并与 GFS 中的服务器进行通信。客户端代码负责将数据分割成适当大小的块，将这些块传输到 GFS 服务器，并将它们存储在 GFS 中。当需要读取数据时，客户端代码会从 GFS 中检索数据块并将它们组合成完整的文件。

客户端代码还负责处理 GFS 中的元数据，例如文件名、目录结构、访问权限等。客户端代码通过与 GFS 元数据服务器通信来管理这些元数据，并确保文件系统的一致性和可靠性。

因此，将 GFS 客户端代码嵌入每个程序中，可以方便地实现对 GFS 的访问和操作，并确保文件系统的高效性和可靠性。这种方法在大规模分布式系统中被广泛使用，并已成为许多其他分布式文件系统的设计范例之一。

总之，GFS 是一个为大规模数据存储和处理场景设计的分布式文件系统，具有高容错性、高可扩展性、高性能、数据一致性等特点，为数据中心提供了可靠的数据存储和管理解决方案。

2）HDFS

HDFS 是 Hadoop 生态系统中的一个核心组件，用于存储和管理大型数据集。

HDFS 的设计目标是存储和处理大型数据集，它具有以下特点。

高容错性：HDFS 是为了运行在廉价的硬件上，因此需要具备高容错性，即当某个节点出现故障时，数据能够自动恢复，不会导致数据丢失。

高吞吐量：HDFS 是为了支持批量数据处理而设计的，因此需要具备高吞吐量，即能够快速读写大量的数据。

简单性：HDFS 的设计非常简单，它使用标准的 POSIX 文件系统接口，因此易于使用和学习。

可扩展性：HDFS 是为了支持 PB 级别的数据而设计的，因此需要具备良好的可扩展性，能够在需要时方便地添加更多的存储节点。

HDFS 的架构是 Master/Slave 架构，其中有一个 Master 节点和多个 Slave 节点。Master 节点负责存储文件元数据，例如文件名、文件权限、文件块列表等信息。而 Slave 节点则负责存储文件数据。HDFS 将文件分成多个块（默认大小为 128 MB），并将这些块存储在多个不同的 Slave 节点上。为了提高容错性，每个块都有多个副本，这些副本会存储在不同的节点上。

HDFS 使用了一些技术来提高读写性能。首先，它使用了流式数据访问模式，即一次读取或写入一个块的数据，而不是一次读取或写入整个文件的数据。其次，它使用了本地化技术，即将数据存储在离处理节点最近的节点上，以提高读取速度。最后，它使用了数据复制技术，即将数据复制到多个节点上，以提高容错性和读取性能。

HDFS 支持标准的 POSIX 文件系统接口，例如创建、删除、移动、重命名、修改权限等操作。在 HDFS 中，文件名包含了完整的路径，例如 "/user/hadoop/input/file.txt"。文件的访问权限由 HDFS 的权限系统进行管理，类似于 Linux 的权限管理。用户可以使用 HDFS 的命令行工具（例如 hdfs dfs）或 HDFS 的 Java API 进行文件操作。

总之，HDFS 是一个用于存储和管理大型数据集的分布式文件系统，它具备高容错性、高吞吐量、简单性和可扩展性等特点。

2.5.6　云技术的体系架构

云技术是一种能够根据需求提供弹性资源的技术，由一系列服务组成。它的体系结构包括核心服务层、服务管理层和用户访问接口层（林军，2013）。核心服务层将硬件、软件和应用程序抽象成服务，以满足不同应用的需求，具有高可靠性、高可用性和可扩展性等特点。服务管理层支持核心服务层，进一步确保其可操作性、可用性和安全性。

用户访问接口层实现了从终端到云的无缝访问。

1. 核心服务层

云技术核心服务层通常可以分为基础设施即服务（infrastructure as a service，IaaS）、平台即服务（platform as a service，PaaS）和软件即服务（software as a service，SaaS）三个层次（李湘娟 等，2014）。表 2.4 对三个层次服务的特点进行了比较。

表 2.4　IaaS、PaaS 和 SaaS 的比较

服务层	服务内容	服务对象	使用方式	关键技术	系统实例
IaaS	提供硬件基础设施部署服务	需要硬件资源的用户	使用者上传数据、程序代码、环境配置	数据中心管理技术、虚拟化技术等	Amazon EC2，Eucalyptus 等
PaaS	提供应用程序部署与管理服务	程序开发者	使用者上传数据、程序代码	海量数据处理技术、资源管理与调度技术等	Google App Engine，Microsoft Azure，Hadoop 等
SaaS	提供基于互联网的应用程序服务	企业和需要软件应用的用户	使用者上传数据	Web 服务技术、互联网应用开发技术等	Google Apps，Salesforce CRM 等

（1）IaaS：第三方提供商通过互联网提供计算资源，包括虚拟机、存储、网络和操作系统等基础设施。在 IaaS 模式下，用户可以根据自己的需要租用所需的基础设施资源，并自行安装、配置和管理操作系统、应用程序和数据等内容。这种模式可以免除用户自己搭建和维护基础设施的烦琐工作，节约了企业的成本和时间，同时也提供了更高的灵活性和可扩展性，使企业可以根据业务需求随时增加或减少计算资源。IaaS 模式也提供了更高的安全性和可靠性，第三方提供商会负责数据备份和容灾等工作，确保用户的数据安全和业务的持续运行。

（2）PaaS：第三方提供商提供一个平台，允许客户开发、运行和管理应用程序，而不需要客户自己建立和维护基础设施。PaaS 提供了一个全面的解决方案，包括开发工具、应用程序执行环境、数据库和基础设施等服务，使开发人员能够专注于应用程序的开发而不必担心底层基础设施的管理。PaaS 模式还具有灵活性、可扩展性和高可用性等优点，可以帮助客户更快速、更高效地开发和部署应用程序。

（3）SaaS：用户可以通过互联网访问和使用第三方提供商的软件应用程序，而不必在本地安装和维护软件。SaaS 模式下，软件的安装、更新、维护和升级都由第三方提供商负责，用户只需要按照订阅或使用量付费即可。这种模式具有高度的灵活性和可扩展性，用户可以根据需要随时增加或减少订阅量，同时也能够快速部署应用程序，提高了企业的效率和响应速度。SaaS 模式也降低了用户的技术门槛，使得非专业人士也可以轻松地使用和管理复杂的软件应用程序。

2. 服务管理层

服务管理层为核心服务层提供保障，以确保云技术平台能够满足用户对可用性、可靠性和安全性的要求。这包括实施服务质量（quality of service，QoS）保证和安全管理

等措施。

云技术需要提供高可缩、高可用、低成本的个性化服务。云技术平台规模庞大、结构复杂，这使得提供高质量服务成为一个挑战。然而，云技术服务提供商可以与用户协商制订服务水平协议（service level agreement，SLA），以确保服务质量得到满足，并提供补偿。

用户一直关注着数据安全问题，尤其是在云技术领域。云技术数据中心采用资源集中管理方式，导致出现单点故障的可能性，一旦发生地震、停电、病毒或黑客攻击等意外事件，保存在数据中心的关键数据就有可能丢失或泄露。保证安全和隐私保护技术（如数据隔离、隐私保护和访问控制等）是确保云技术广泛应用的关键。除了安全管理和 QoS 保证，服务管理层还包括计费管理和资源监控管理措施，这些措施对云技术的稳定运行同样至关重要。

3. 用户访问接口层

云技术服务的普遍访问实现了用户对接口层的访问，这种访问方式多样化，可通过命令行、Web 服务、Web 门户等方式实现。终端设备可以通过命令行和 Web 服务来访问应用程序开发接口，这种方式便于多种服务的组合。Web 门户是另一种云技术访问接口模式，它可以将用户的桌面应用迁移到互联网，使用户可以通过浏览器随时随地访问数据和程序，从而提高工作效率。虽然用户可以通过访问接口轻松使用云技术服务，但是不同云技术服务提供商之间的接口标准不同，这意味着用户的数据无法在这些服务提供商之间迁移。为此，在 Intel、Sim 和 Cisco 等公司的倡导下，云技术互操作论坛宣告成立，并致力于开发统一的云技术接口（unified cloud interface，UCI），以实现"全球环境下，不同企业之间可利用云技术服务无缝协同工作"的目标（王彦良，2017）。

2.5.7 云技术的服务形式

云技术一直以来的首要任务是实现"一切都是为了服务"（everything as a service，EaaS）。为此，它采用了 IaaS、PaaS 和 SaaS 三层架构。这些层不仅提供了按需资源的能力，还定义了新的应用程序开发模型。但是云技术作为新兴领域，目前还存在许多亟须解决的问题。下面是各层的简单介绍。

1. 基础设施即服务（IaaS）

IaaS 是云技术模型中的一种服务类型，它为用户提供了虚拟化的计算资源，包括计算、存储、网络、操作系统等基础设施，用户可以根据自己的需求选择不同类型、不同配置的计算资源来满足业务需求，而无须投资和维护硬件设备。IaaS 通常由云服务提供商提供，用户可以通过互联网访问这些服务。IaaS 可以根据用户需求提供灵活的计算资源。用户可以根据实际需求随时增加或减少计算资源，以适应业务的变化。在 IaaS 模式下，用户只需要按照实际使用量付费，无须投资大量的硬件设备和维护成本。这使得小型企业和创业公司也可以享受到高性能计算资源。此外，IaaS 提供商通常采用高可靠性的硬件设备和技术，同时提供数据备份和恢复服务，保证用户数据的安全性和可靠性。IaaS 还可以轻松地扩展计算资源以满足不断增长的业务需求，用户无须考虑硬件设备的购买和升级问题。IaaS 提供商通常提供易于使用的用户界面和 API，用户可以通过简单的操作完成计算资源的部署和管理，无需专业技能。这些优点使得企业可以更加专注于业务的核心领域，而无须关注 IT 基础设施的维护和管理。

2. 平台即服务（PaaS）

PaaS 是在 IaaS 之上的一层，它提供了一个平台来让开发者可以在上面创建、测试和部署应用程序，而不必关注底层的基础设施和运维工作。PaaS 提供了一个高度抽象的应用程序开发和部署环境，使开发者可以更加专注于应用程序本身的开发。PaaS 自动化了应用程序的管理和部署，简化了应用程序的管理工作，降低了运维成本，并提供了高可靠性和可伸缩性的基础设施，可以保证应用程序的稳定性和可用性。

3. 软件即服务（SaaS）

SaaS 是一种软件交付模型，其中用户通过互联网访问应用程序，而不需要自己购买、安装或维护软件。SaaS 模式下，软件开发公司或服务提供商托管和维护应用程序和基础架构，用户则以订阅方式使用应用程序，通常按照每月或每年的定期付费。这种模型使用户可以从云端使用应用程序，无须购买和安装软件，也无须维护底层基础设施。这减少了用户的负担，同时也使软件开发公司可以更快地更新和升级应用程序，并且可以更好地控制软件的使用和分发。

参 考 文 献

安德笼, 杨进, 武永斌, 等, 2019. ICESat-2 激光测高卫星应用研究进展. 海洋测绘, 39(6): 9-15.

程涛, 2013. 云计算的关键技术和研究现状. 廊坊师范学院学报(自然科学版), 13(2): 41-45.

宫宇峰, 朱晓红, 2006. 虚拟存储技术的网络化实现及应用. 情报科学(4): 588-591.

郭连惠, 喻夏琼, 2013. 国外测绘卫星发展综述. 测绘技术装备, 15(3): 86-88.

黄建学, 1993. 欧洲空间局 ERS-1 卫星简介. 测绘科学, 93(3): 33-35.

雷蓉, 董杨, 2015. Pleiades 卫星严格几何模型的构建及定位精度分析. 测绘科学与工程, 35(3): 1-5.

李德仁, 2000. 摄影测量与遥感的现状及发展趋势. 武汉测绘科技大学学报(1): 1-6.

李德仁, 金为铣, 朱宜萱, 1994. 基础摄影测量学. 北京: 测绘出版社.

李德毅, 2010. 云计算支撑信息服务社会化、集约化和专业化. 重庆邮电大学学报(自然科学版), 22(6): 698-702.

李国元, 胡芬, 张重阳, 等, 2015. WorldView-3 卫星成像模式介绍及数据质量初步评价. 测绘通报(S2): 11-16.

李华锋, 吴友蓉, 2010. 数据挖掘中的预处理技术研究. 成都纺织高等专科学校学报, 27(2): 14-16.

李湘娟, 柯尊友, 2014. 基于系统动力学的云计算建设规模分析与预估. 安徽大学学报(自然科学版)(1): 41-47.

林鸿弟, 屈利娜, 2018. GeoEye-1 卫星无控自主定位和稀疏控制点下定位精度评价研究. 城市勘测, 18(6): 89-93.

林军, 2013. 基于云计算的数据安全研究. 科技广场(6): 6-9.

刘宇芳, 2010. 云计算及其实质的探究. 惠州学院学报期刊(6): 48-52.

孟海东, 姚继营, 2010. 数字遥感图像解译分类方法研究. 金属矿山(6): 139-141.

苏文博, 范大昭, 唐新明, 2009. SPOT5 无控制和基于严密成像模型定位的研究. 测绘与空间地理信息, 32(5): 18-22.

孙香花, 2011. 云计算研究现状与发展趋势. 计算机测量与控制, 19(5): 998-1001.

王井利, 2002. GPS 重叠置站法及其应用. 沈阳: 东北大学.

王良莹, 2011. 海量信息资源存储与共享技术研究. 信息系统工程(11): 1296-131.

王攀, 李俊杰, 孙学伟, 2012. 摄影测量与遥感技术的发展. 科技资讯(34): 237.

王树航, 徐君, 杨锴, 等, 2020. 边缘计算和感知融合在智能自助咖啡机中的应用研究. 小型微型计算机系统, 41(7): 1451-1457.

王铁军, 马治, 任思思, 2013. Pleiades 卫星影像测图能力与精度分析试验研究. 测绘与空间地理信息, 36(12): 1-3.

王彦良, 2017. 高等职业院校教务管理信息系统的研发. 西安: 西安工业大学.

王忠石, 2006. 基于数码相机的近景摄影测量技术研究. 沈阳: 东北大学.

伍洋, 2015. 基于直线特征的高分辨率卫星影像定位技术研究. 郑州: 中国人民解放军信息工程大学.

杨蕊, 2019. 动态序列遥感图像超分辨率重建技术研究. 北京: 中国科学院大学.

曾浩, 2011. 云计算在电信行业经营分析系统中对海量数据处理的研究. 长沙: 湖南大学.

张过, 李德仁, 秦绪文, 等, 2008. 基于 RPC 模型的高分辨率 SAR 影像正射纠正. 遥感学报(6): 942-948.

张过, 费文波, 李贞, 等, 2010. 用 RPC 替代星载 SAR 严密成像几何模型的试验与分析. 测绘学报, 2010, 39(3): 264-270.

张琦, 2017. 基于云计算的电网造价管理全覆盖体系研究. 贵州电力技术, 20(8): 75-80.

邹译达, 2016. 云计算资源共享现状与推进策略. 内蒙古科技与经济(19): 51.

KONECNY G, SCHUHR W, 1988. Reliability of radar image data. The 16th ISPRS Congress, Tokyo: 92-101.

LEBERL F W, KOBRICK M, DOMIK G, 1985. Mapping with aircraft and satellite radar images. The Photogrammetric Record, 11(66): 647-665.

第3章　数字地球平台设计与实现

3.1　概　　述

数字地球提供多源数据"存、管、联、查、看、量、标、导"（数据存储、数据管理、数据关联、数据查询、数据可视化与交互、空间量算、标绘、导航）8个方面的基础功能，具体包括统一时空基准、多源数据承载与管理、二三维一体、多窗口共享、多源数据综合可视化与交互漫游、室内浏览、综合查询、空间量测、空间分析、图形标绘、场景动画、路径规划等丰富的基础应用能力。同时，引入北斗卫星（冉承其，2013）标准时，支持J2000坐标系与CGCS2000（于强 等，2009）坐标系，可实现太空、临空、航空、地面、海上等空间的无缝衔接。

在平台方面，数字地球能够提供统一的地理空间框架，实现时空基准统一和高精度坐标转换功能；提供对计算资源、存储资源和网络资源的虚拟化整合功能；提供对各类地理空间信息（王家耀，2001）的统一组织管理、高效查询检索功能；提供对数据资源、插件资源的发布、同步、更新、共享等功能；提供二三维一体的可视化功能，支持多种方式组合的键盘/鼠标界面浏览交互功能；提供标准规范、要求、接口与 SDK，具备二次开发支撑功能，能够与其他信息系统进行集成调用；具备平台配置管理、实时监控、异常警报和统计功能。

在数据方面，数字地球支持覆盖全球的基础测绘点（龚健雅，2018）、基础地理矢量、基础遥感影像、基础气象水文等基础数据的能力；提供基础数据、街景全景、专题产品、数字高程模型等产品类数据。

在应用方面，数字地球提供各类地理空间信息的引接、管理、可视化功能（华一新，2016）；提供地理空间信息智能分析、数据挖掘等功能；具备基于位置服务、地物建模、导航、地面选址等基础 GIS 功能。

3.2　总　体　设　计

3.2.1　体系设计

数字地球从技术上采用"微内核+应用插件"的架构，体系架构上包括资源层、数据层、服务层、应用层四层。

资源层包含基础设施与资源管理，通过资源的虚拟云化，对下屏蔽硬件资源的异构性，对全网资源实现资源的统一调度与管理，对上提供计算、存储、通信等基础服务。

数据层包含数据资源与数据管理，数据资源层接入官方数据、企业数据、网络数据、众源数据、电子数据等；数据管理对接入的数据进行规范化处理后，实现元数据管理、数据规范化处理、数据编目入库、数据关联、数据组织、浏览提取等功能，为上层的数据服务提供支撑。

服务层包含数据服务与应用服务，数据服务主要为上层提供基础影像、基础框架数据、气象水文数据及其他数据等数据服务。应用服务包含基础应用服务与专业应用服务，基础应用服务包含数据目录服务、图层服务、综合检索服务、数据可视化服务、空间分析服务（高俊 等，2021）、空间量算服务等；专业应用服务包含路径规划服务、交互与综合显示服务、任务管理服务、综合检索服务等。

应用层主要提供数字地球内核、基础应用插件包、插件管理、二次开发等服务。

数字地球体系架构中，资源层、数据层、服务层软件构成了数字地球"微内核"，也就是基础平台（图3.1）。

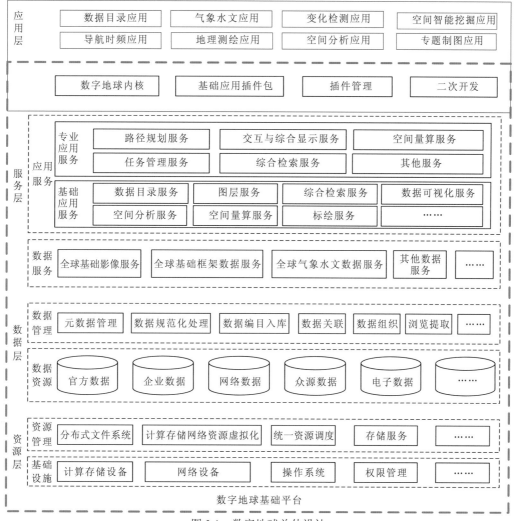

图 3.1　数字地球总体设计

3.2.2 功能组成

从技术实现角度看，数字地球平台可分为数字地球服务中心、数字地球内核引擎、数字地球 QT（应用程序开发框架）客户端框架和数字地球 Web 客户端框架共 4 个部分。

1. 数字地球服务中心

数字地球服务中心主要包括服务运行框架和承载在其中的各类服务，其中服务运行框架包括存储资源管理、容器管理及服务中心，服务包括共性服务、数据服务和功能服务。数字地球服务中心的功能组成如图 3.2 所示。

1）技术实现

（1）服务运行框架。对集群中被承载的服务进行集中管理和服务治理，它控制所被承载服务的整个生命期（进入、拉起、异常诊断、停止等），能对存储资源进行调度（DFS、HBase、MySQL、Postgres、Kafka 等），能对硬件资源进行调控（CPU、内存、实例数等），提供镜像管理、服务模板、数据单元、服务编排、容器管理、服务目录、域名管理、测试工具、迁移工具、平台监控等诸多功能。

（2）共性服务。服务中心承载的关键服务，提供公共的一些服务接口和功能的支持，包括如下具体服务。

通用属性服务主要提供数据聚合能力，将各个服务需要检索和关联的重要数据抽取到该服务中，提供对检索和关联的基础支持。该服务提供统一的通用检索能力（名称、描述、分类组合条件，时间，空间区域、标签等）。

目录服务提供数据的逻辑树状组织能力，便于数据以用户可理解的形式和组织关系进行查看和使用，目录服务是一种数据检索方式的实现。

图层服务提供数据的图层组织能力，为用户提供多种模式的基础数据导航，方便用户快捷访问基础数据资源。

订阅服务提供对数据变化的追踪能力，当通用属性数据发生变化的时候，会自动通过订阅服务设定的条件，发送给该条件的设定者，并对其进行通知。

用户管理服务提供集中化的权限管理和用户管理功能。

综合检索服务提供对不同品类数据源的统一检索入口，通过聚合不同服务的检索功能，该服务可以提供相对一致化的检索方式，也可以提供相对不同的各个服务的高级检索功能。而使用者不再需要访问多个不同的服务。

（3）数据服务。数据服务提供对不同数据品类的服务封装能力，能够相对安全地提供对数据的访问能力，同时提高数据访问的复用性和便利性。主要数据服务有影像瓦片发布服务、地名服务、倾斜摄影服务、影像管理服务、街景服务、矢量服务、影像切片服务、通用文件服务等。

（4）功能服务。功能服务提供对业务系统逻辑的功能支撑，将业务逻辑功能封装到后台功能服务中，通过提供相对标准化和一致的对外接口，极大降低逻辑功能和业务的

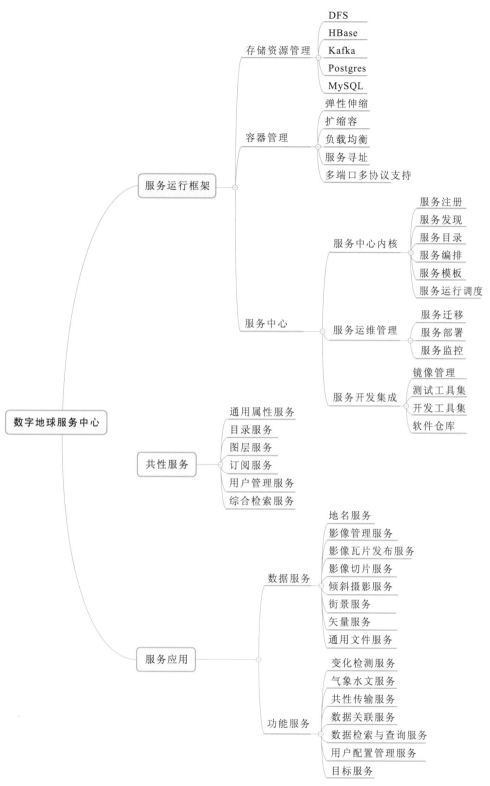

图 3.2　数字地球服务中心功能组成

DFS（depth first search，深度优先搜索）

耦合、提高前端业务系统的复用能力，同时也能提高系统间的健壮性和提升整个体系的测试能力。现有实现的功能服务有：数据关联服务、区域变化检测服务、数据检索与查询服务、共性传输服务、气象水文服务、用户配置管理服务、目标服务等。

2）技术路线

（1）容器化部署。采用 docker 技术对服务进行容器化改造，以镜像的方式进行分发和部署，通过 docker 技术极大地降低服务的部署难度。服务软件的分发都是以镜像文件为基础，基本不存在常见的环境依赖的问题。

（2）服务调度。采用 kubernetes 技术对服务进行管理，支持机器的弹性伸缩、服务的扩缩容、服务的升级回滚、服务器端负载均衡、服务寻址，服务目录管理、编排依赖、多端口多协议支持、自动化测试等功能，通过 kubernetes 技术实现对被承载服务的强大管理和调度能力。kubernetes 技术已经在国内外诸多大型公司（谷歌、微软、华为、京东、腾讯、阿里巴巴等）广泛使用。

（3）域名机制。采用 nginx 技术对服务进行域名绑定、灰度升级、多协议转换的支持等。nginx 技术是最成熟的域名机制，能够高效、稳定地实现各种域名策略和支持多协议等复杂功能。

（4）服务开发。采用 SpringBoot 服务框架技术开发标准化服务，通过 SpringBoot 服务框架极大地降低服务开发的难度，提高服务的开发效率。SpringBoot 是现在最先进的服务开发框架之一，对大量的服务端功能都实现了模块化的简易开发和使用。

（5）服务接口规范（OpenAPI）。采用 swagger 文件接口形式，swagger 文件是一种各种语言都可以实现的 rest 接口的标准化描述文件。通过各语言服务自动化地生成 swagger 文件，服务使用者无需任何工具，能随时对服务的接口进行测试，同时通过 swagger 接口的描述信息，服务使用者基本不需要文档，就可以明确如何使用某服务功能，极大地提高了对接效率和开发效率。而且由于 swagger 文件可以自动生成，可以保证服务描述文档和实际接口完全一致，不会产生以前常见的文档和实现版本不一致的问题。

3）接口关系

数字地球服务运行框架通过调用第三方服务的描述文档和运行状态接口获取第三方服务基本信息和运行状态信息，为第三方服务提供运行支撑。第三方服务必须遵循以下接口规范。

（1）服务描述文档。描述服务自身及其所依赖的服务和数据的文档，在服务安装时使用。服务描述文档名称为 Config.json，是一个 json 格式的文件。

（2）服务接口定义。服务接口建议使用 swagger 文件进行描述，swagger 为 REST API 定义一个标准的、与语言无关的接口，预防在看不到源码、文档或者不能通过网络流量检测的情况下，可以实现各种服务功能的发现和理解。

2. 数字地球内核引擎

1）技术途径

数字地球内核引擎是数字地球客户端内核引擎，为 C/S 和 B/S 客户端应用程序提供统一的内核、渲染和基础功能支撑，包括内核运行管理、内核数据管理、内核渲染管理、数据支撑、SDK 开发接口、插件引擎共 6 部分，如图 3.3 所示。

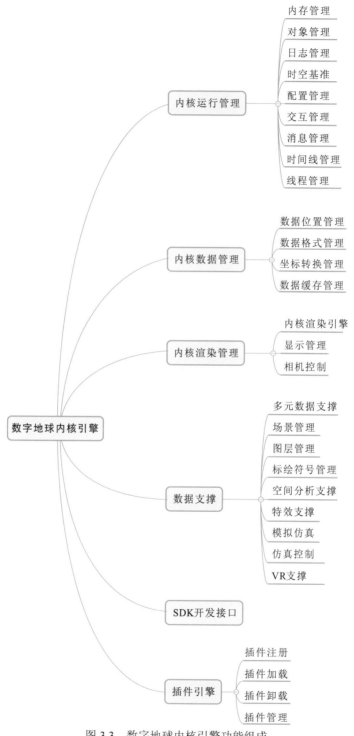

图 3.3　数字地球内核引擎功能组成

数字地球内核引擎实现的基础功能：支持 J2000 坐标系、CGCS2000 坐标系、WGS-84 坐标系；支持国家标准时；支持基础数据缓存、格式转换、坐标转换；实现三维地球模型构建、数据支持、可视渲染；实现内存资源的统一管理；实现场景中对象的统一管理；实现同步异步的消息处理；实现全局唯一的时间线管理；实现相机模式管理、参数设置及视场控制；实现动画管理、渲染配置、视图切换、环境特效管理。

2）技术路线

（1）统一的时空基准框架。以往的数字地球例如 WorldWind、GoogleEarth 等都是基于地心固定坐标系建立的，不能很好地表述地球随时间变化与各类天体的空间关系变化，为了更好地描述真实世界中物体（包括地物、飞机、地球自身、各类天体）随时间变化的空间位置变化，需要一个能统一地球及非地球自转物体的时空基准框架。对地球的描述采用参数可变的地心固定坐标系（可支持 WGS-84 坐标系、CGCS2000 坐标系），对不随地球自转的物体引入国际上通用的地心惯性坐标系——J2000 坐标系。数字地球内核通过实现 J2000 坐标系，可描述地球、天体等随时间变化的位置变化；通过实现地心固定坐标系，可描述地球椭球模型，遥感影像、地表物体等可依托此进行可视化表示；通过一种坐标自适应变化技术（世界坐标原点在近地球时以地心为原点，在远离地球时以视点为原点），实现了从 J2000 坐标系到地心固定坐标系之间的坐标转换，解决了从以光年为尺度的银河系到以米为单位的地面目标的无缝切换。

（2）二三维一体化技术。数字地球可以有二维和三维两种表现形式，三维是对地球椭球模型的仿真，使用地理坐标系（WGS-84 坐标系、CGCS2000 坐标系）来构建；二维是使用投影坐标系来描述地球上的点，对应于某个地理坐标系和投影方法。要实现二三维一体化，技术路线上要解决两个主要问题：一个问题是对地球地形块的构建，如何用一套地形渲染引擎同时实现两种表现方式；另一个问题是应用数据如何统一，即在地球上表现各类型数据时，只创建一次数据，同时可在二维三维上展示出来。在具体技术实现上，通过对地球及表现的抽象化，分别对应于 Map 和 MapView，Map 管理地球本身数据，MapView 是表现方式，目前扩展有 2DMapView（二维）、3DMapView（三维）两种。在此之上使用场景（scene）来管理所有可视化数据对象，SceneItem 是具体的各类可扩展数据对象，例如一个标绘对象、一个卫星等，它们的创建与二三维无关，但是可同时表现在二三维视图上。通过这种技术实现路线，数字地球初步做到了二三维一体化。

（3）地形地貌渲染技术。有了统一时空基准，数字地球有了统一的坐标系统计算模型，而地球要最终可视化，一个关键步骤是快速地构建地形块并渲染可视化。地形生成过程，就是利用高程数据来生成网格模型，再在其上叠加各类基础图层数据（纹理）。如何快速地加载海量地球高程和遥感数据，是影响数字地球效率、操作等多方面的关键。目前数字地球在地形生成优化上采用 5 项技术：①采用分层分级的方式来生成和加载地形块（同时适应二三维两种模式），确立顶层数据后，利用四叉树的方式逐层细分，通过多细节层次（levels of detail，LOD）技术，根据视点位置变化来动态加载和移除地形块；②多线程加载技术，可创建多个线程来同时生成多个地形数据；③地形网格及纹理缓存技术，对于某个地形块，一旦生成之后，把高程网格数据、不同的图层数据缓存到本地文件，下次加载可快速生成；④多图层优化，在加载多个全球基础数据时，通过一定的技术方式自动判断图层透明属性，对非顶层、非透明图层并不需要实时调度渲染，实现了多图层加载的高效率加载；⑤每个基础图层参数可调，针对不同基础数据图层分辨率标准不统一的情况，支持不同图层可单独设置层级参数，以达到最优的显示效果。通过以上技术实现，数字地球达到了比较高的加载和渲染效率。

（4）单内核多形态支持技术。数字地球在应用形态上要求支持传统的 C/S 模式和 B/S 模式，C/S 模式一般采用 C/C++接口提供二次开发接口，B/S 采用 H5+js 脚本方式提供二次开发接口。尽管在应用形态上，使用方式、开发语言等差别巨大，数字地球使用了同一个内核来支持，必然要求内核构架上充分考虑各类情况进行设计实现。例如，在高程、影像数据加载方面，B/S 和 C/S 都使用同一套数据加载驱动，以保证格式、服务和效率的一致性。在其他接口方面，B/S 端通过如下技术实现调用内核的 C/C++接口：封装 Chromium 浏览器内核的 CEF（Chromium embedded framework，Chromium 嵌入式框架），重构浏览器应用程序，将内核功能模块封装为浏览器的插件，浏览器将地球视图转化为 HTML 标签显示在浏览器页面中，通过 HTML 标签属性控制或使用 JavaScript 技术来调用内核中的相应功能。JavaScript 端和内核 C/C++端之间异步通信，包括：①JavaScript 端通过消息函数通知 C/C++端创建内核相关对象，C/C++端完成操作后通过消息函数向 JavaScript 端返回消息，完成同步调用过程；②JavaScript 端通过消息函数向 C/C++端发送异步功能调用消息，完成发送后不需要等待而执行自己的程序，或继续发送功能调用的消息，而 C/C++端接收消息并有序地完成对应功能，实现异步功能调用。通过以上技术路线，数字地球一个内核同时支持了 C/S 和 B/S 两种应用形态。

（5）大规模街景数据组织与可视化技术。数字地球内核提供对街景数据的组织与可视化支持，街景数据分为实景数据和全景数据，一般街景数据分辨率高而且数据量巨大（达到几十太字节左右），这些数据往往是千万级别离散的位置点，需要解决三个关键问题：①如何管理海量数据点并且快速查找和渲染，具体实现采用全球空间数据网格编码的方式将数据逻辑上分成多个区域，每个区域又分成多块，将数据分解为信息块和渲染块，信息块用作数据索引、导航、关联分析等，渲染块用于快速渲染和拼接，以此实现对全球街景数据的管理和快速索引；②如何将街景照片与地球遥感数据关联，结合实际相机拍摄参数对虚拟相机建模，利用虚拟相机的深度和实际相机相关参数对影像中的每个像素在地球中的具体位置建立一一对应关系，实现对街景数据的可度量分析与自动关联；③每幅街景数据分辨率非常高、数据量大，如何显示快速渲染，利用 GPU 实时创建渲染金字塔并快速完成 360°数据拼接，满足数据浏览效果和效率的平衡，实现按照导航点的准实时漫游。

（6）真实星空渲染技术。大多数数字地球在渲染星空时只是把星星作为一个背景图片或进行简单球面投影可视化，数字地球有统一的时空基准，支持从银河系到地面的浏览过程，这种方式无法满足要求。数字地球基于互联网获取星星数据，包含数十万个星星位置、星等、所属星座、星云、银河系点云、太阳系天体组成等信息，要把海量的星星及各类天体渲染可视化出来，需要进行大量的运算，必须采用高效的技术进行筛选和渲染。①把星空数据按照八叉树进行组织管理，在某一个视点和方向观察星空时，并不需要绘制所有星空数据，因此在绘制之前要进行可视性计算，以裁剪不可见的星星。②星星及天体的可视化效果，采用点精灵及 shader 的渲染方式，根据星等、距离等绘制出大小、颜色、亮度等不同的星星，以达到较优的显示效果。③星座可视化，从数据文件中提取星座信息，可以对星座进行连线、名称显示。④采用独立相机渲染，由于星星的位置信息都是采用光年为单位，如果与地球采用统一相机，把光年转换为米超出了双精度范围，同时造成远近裁剪比严重失衡，所以对天体和星空都是用独立相机进行渲染，在此类相机内部，使用光年作为基本单位。

3）接口关系

内核提供给外部的主要接口如图 3.4 所示。

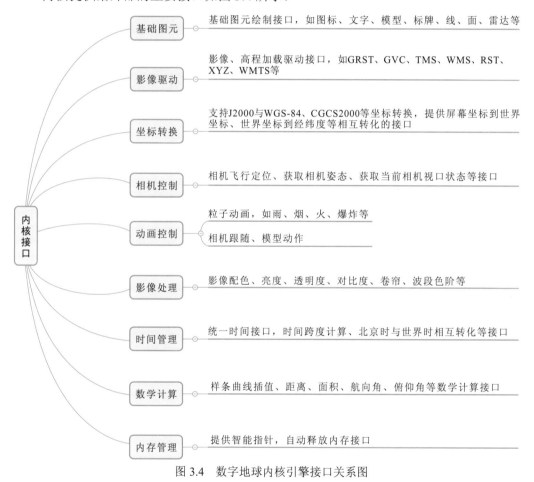

图 3.4　数字地球内核引擎接口关系图

3. 数字地球 QT 客户端框架

1）技术途径

数字地球 QT 客户端框架是数字地球客户端程序（QT 版），在内核引擎的支撑下实现部分基础功能，包括图层管理、数据目录、用户管理、时间管理、空间管理、综合搜索、操控面板、插件管理器等，如图3.5所示。

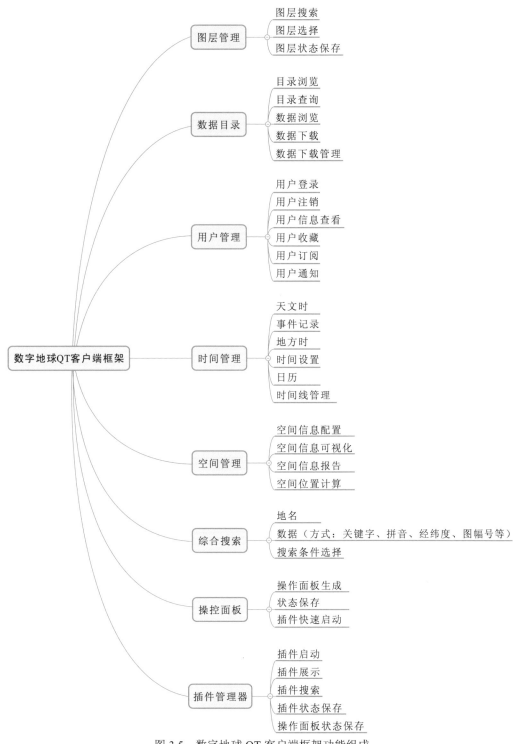

图 3.5 数字地球 QT 客户端框架功能组成

数字地球 QT 客户端框架实现的基础功能：支持图层组织管理、查询与图层数据加载；支持数据目录管理，资源查询、浏览与下载；提供用户登录、注销与信息查看；信息综合搜索，按多种方式搜索地名、数据等；时间管理；空间管理；操控面板管理；实现客户端功能插件管理，插件启动、搜索等。

2）技术路线

（1）图层管理。图层是向最终用户提供承载基础地理数据和业务数据的平台，是数字地球平台与数据交互的桥梁，可最终生成"一张图"进行分发。

图层管理插件主要采用可配置的 xml 文件进行管理、配置、扩展与存储，实现任意图层的逻辑组织和响应配置。图层的动态更新采用与内部逻辑图层一致，可接收图层刷新信号进行响应。

界面上的目录树、逻辑上的目录树与 xml 文件中保存的目录树结构一致，其中基础影像的配置在基础-框架-地貌-正射影像下的节点进行配置，可配置节点名称、节点类型、节点是否默认勾选等可选参数。

界面的动作响应也在 xml 文件中配置：右键菜单在 menudict 下配置，单击动作在 checkdict 下配置，双击动作在 dclickdict 下配置。对应动作绑定的函数在节点中配置，自行实现响应函数功能。

动作响应通过注册函数的方式实现，界面上发生动作，动作信息作为参数传入注册的函数中，可根据传入参数判断动作类型做出相应操作。注册权限下放给各类应用插件。

图层管理的处理流程如图 3.6 所示。

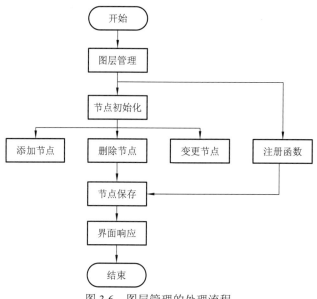

图 3.6　图层管理的处理流程

（2）数据目录。数据目录模块通过通用属性服务，实现对各类数据的搜索，通过搜索获得的元数据信息，在界面中进行展示。除此之外还提供数据下载功能。

数据目录的浏览 tab 页对应数据目录服务的结构。按照数据生产中心、专业、数据类型进行组织。数据目录的查询按照专业、区域、生产时间、类型、关键字等进行综合检索。将符合检索条件的结果呈现在右侧结果列表中。

数据目录的下载功能分为数据下载驱动、已下载数据检索、数据加载三个部分。下载驱动包含了数据下载速度、进度及下载链路通断的监控。用户可将目标数据下载到本地，界面上展示已下载列表，双击已下载的数据可以上球。不同类型的数据做了不同的处理，其展开效果不同。RAR 压缩文件双击之后可以解压，tiff 影像文件双击之后可以上球，点击红色的 X 之后可以移除，word 文字报文件双击可以打开文档。

数据目录的处理流程如图 3.7 所示。

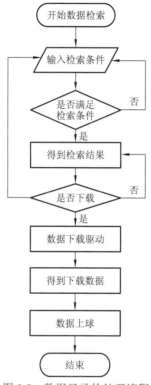

图 3.7　数据目录的处理流程

（3）用户管理。客户端调用用户登录服务获取登录页面，以嵌入网页的形式显示用户登录界面，用户登录成功后，拿到令牌及用户相关信息，同时定时对令牌进行刷新。用户信息可通过界面进行展示。

用户登录认证使用 OAuth 认证，调用用户身份验证服务接口，认证过程在后台实现，前台显示登录的 HTML 界面。验证通过后获取 code，根据 code 获取令牌并定时刷新令牌，登录成功后浮动窗口显示用户基本信息。若验证未通过，弹出错误提示（用户不存在、密码错误、连接错误等）。登录后有基本信息、权限查看、工作空间、通知、订阅及收藏等功能与用户绑定。

用户管理的处理流程如图 3.8 所示。

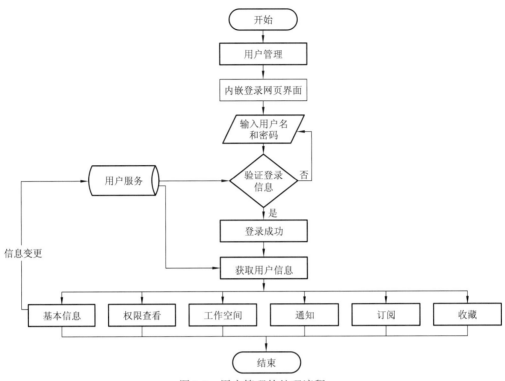

图 3.8　用户管理的处理流程

（4）操控面板。操控面板总体风格定制通过全局的 qss 文件进行设置。根据需要设计的界面风格在 QT 原有控件的基础上封装了几个窗口类，如 GxCustomWindow、GxToolGroup、GxToolTree、GxTreeWidget 与 GxFlowWidget 等。

设计类 GxToolGroup 继承自 QToolButton，用于表示插件或插件组；GxToolTree 继承自 Qwidget，包含一个滚动区域，用于表示子插件条。使用 QT 中的 Drag 机制与 Drop 机制来实现 Group 的拖拽功能。

可按用户需求进行操控面板定制，操控面板可处于编辑状态和锁定状态，定制的操控面板可以跟用户绑定，以配置文件的形式保存到用户相关的数据库表中。用户下次启动时，可自动加载定制的操控面板。

操控面板的处理流程如图 3.9 所示。

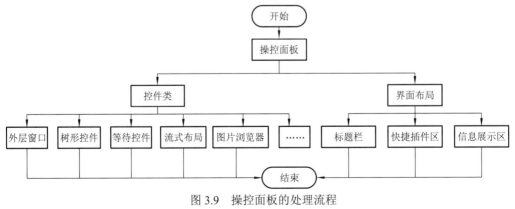

图 3.9　操控面板的处理流程

（5）空间管理。利用现有插件机制，捕获鼠标事件，实时获取地球状态，通过获取时间和经纬度信息计算出太阳高度角（Rottger et al.，1998）、方位角、天顶角及月球的地心黄经、地心黄纬、地心距离、高度角。以上信息及地球信息可通过对话框进行显示配置（图 3.10）。天体显示通过图层进行配置，可显示太阳、八大行星、部分卫星及其运行轨道（图 3.11），调用底层接口进行绘制。信息报告以 word 格式生成。

图 3.10　太阳、月球、地球相关信息

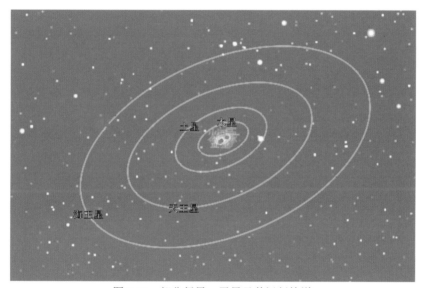

图 3.11　部分行星、卫星及其运行轨道

空间管理的处理流程如图 3.12 所示。

4. 数字地球 Web 客户端框架

1）技术途径

iExplorer 是一款将地理空间可视化技术与 Web 浏览器技术相结合的专业地理空间浏览器，是遥感大数据应用（骆剑承 等，2016）与互联网对接的入口。为打造数字地球"平台+插件"应用生态圈，数字地球 Web 客户端框架引入了基于 HTML5 的轻量化应用开发模式，可对接丰富的开源 Web 应用资源和开发者社区，同时弥补了传统地理空间可视化应用软件跨平台、跨终端能力的不足，并全面支持国产化软硬件环境。

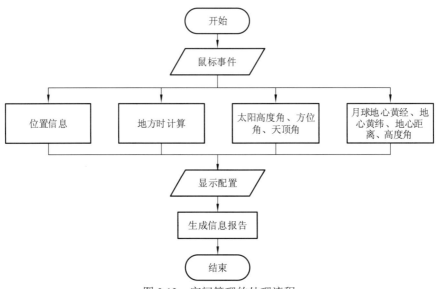

图 3.12 空间管理的处理流程

数字地球 Web 客户端组成框架如图 3.13 所示。

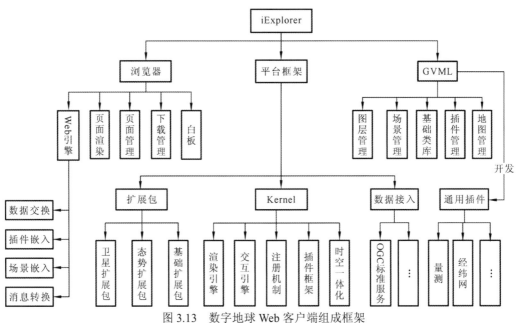

图 3.13 数字地球 Web 客户端组成框架

GVML（GeoVIS mark language，GeoVIS 标记语言）

数字地球 Web 客户端实现的基础功能：统一时空框架、统一数据框架、提供多视图数据可视化能力、具有基于 GVML 标准下的 H5+JS 二次开发能力、提供 B/S 端所需功能接口。

2）技术路线

通过封装 Chromium 浏览器内核的 CEF，重构浏览器应用程序，将地理信息系统模块封装为浏览器的插件，浏览器则加载地理信息系统插件并且将 GIS 视图（李小龙，2017）

转化为 HTML 标签显示在浏览器页面中，通过 HTML 标签属性控制或者直接使用 JavaScript 技术来调用 GIS 相应的功能，如图 3.14 所示。

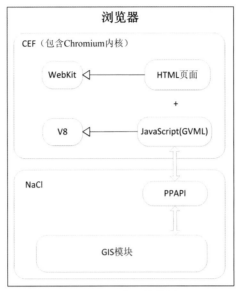

图 3.14　浏览器结构图

　　浏览器是通过解析 HTML 页面标签，根据页面标签的属性样式及布局来绘制整个页面的，图片只能是以图片标签方式添加到页面 div（HTML 页面中的布局容器关键字）中实现图片的显示，可以参考图片标签的方式，扩展一个类似的图片标签，不同的是这张显示的图片不是固定的图片，而是一张时时刻刻都在变化的图片标签，而图片则是通过地理信息系统插件模块实时绘制出来的。

　　将地理信息系统模块以插件的方式载入浏览器，下一步实现地理信息系统的强交互能力。为了实现这个目的，针对地理信息系统插件（C/C++代码），在浏览器的服务端封装出一套与 C/C++开发的地理信息系统插件对应的 JavaScript 开发包，将这个开发包命名为GVML。GVML 与地理信息系统插件的功能是一致的，也就是说 GVML 是对地理信息系统插件的包装，地理信息系统插件所具备的所有功能通过 GVML 的封装暴露给其他用户。在这个封装的过程中，首要解决的问题是如何实现 GVML 所在的 JavaScript 端与地理信息系统插件所在的 C/C++端之间的通信，因为 JavaScript 端与 C/C++端是异步的。

　　发送消息与消息监听用来解决 JavaScript 端与 C/C++端的异步问题。JavaScript 端可以通过 PostMessage 函数将消息发送到 C/C++端，而 C/C++端通过重写 pp:::Instance::HandleMessage 函数接收消息。反过来，插件所在的 C/C++端也可以通过 PPB_Messaging::PostMessage 函数向 JavaScript 端发送消息，JavaScript 端则通过注册标签监听，从而在 HandleMessage 函数中接收来自插件的消息。消息发送接收实现同步的时序图如图 3.15 所示。

　　解决了 GVML 所在的 JavaScript 端与地理信息系统插件所在的 C/C++端的通信及同步问题，使用 GVML 编写各种交互逻辑成为现实，这样既保留了 WebGIS 的优势，又兼容了桌面地理信息系统的优点。

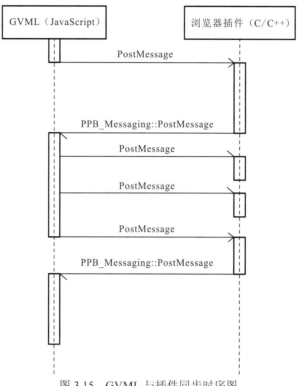

图 3.15 GVML 与插件同步时序图

3）基本流程

数字地球 Web 客户端基本流程如图 3.16 所示。

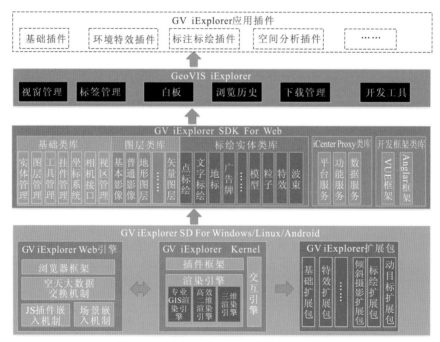

图 3.16 数字地球 Web 客户端基本流程

4）接口关系

数字地球 Web 客户端对外提供的开发接口如图 3.17 所示。

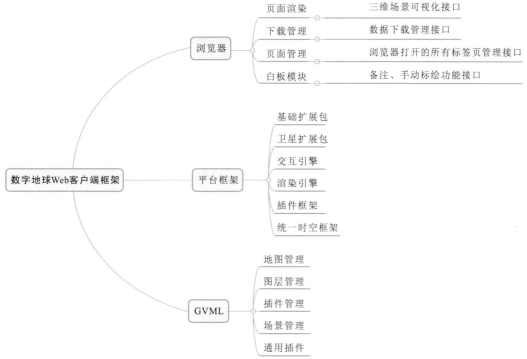

图 3.17　数字地球 Web 客户端对外提供的开发接口

3.3　平　台　功　能

数字地球平台主要提供多源数据的数据存储、数据管理、数据关联、数据查询、数据可视化与交互、空间量算、标绘、导航应用 8 个方面的基础功能。能够实现银河系、太阳系等太空场景的模拟；实现多源数据的承载与可视化；海底地形的渲染建模；不同视角模式（地面、高空、剖面）的切换；丰富多样的空间分析；气象水文静态/动态数据的可视化。

3.3.1　数据存储

在数据存储方面，数字地球平台可通过数据编目入库模块实现。按照系统设定的编目组织方式，针对数据关联后的多源数据，提供各类数据的入库配置、批量入库、手动入库功能，完成对多源数据的关键要素抽取与入库管理功能。数据编目入库功能组成如图 3.18 所示。

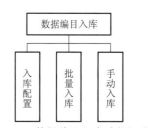

图 3.18　数据编目入库功能组成

入库配置主要实现入库方案管理和版本管理，入库方案管理用于支持各类数据的批量入库方案、手动入库方案管理；版本管理用于支持同一地区的多时相数据管理。批量入库根据设定策略，收集整理已有数据，完成资源的自动批量入库。手动入库用户利用平台提供的工具和接口，提取数据元信息，填写数据信息表单，实现数据手动入库，支持多数据生产服务节点元数据的虚拟集成（蒋杰，2010）。

数据存储方式包括文件系统、关系型数据库、非关系型数据库。其中关系型数据库将采用 PostgreSQL、MySQL，主要存储结构化的关系型数据，主要包括测绘地理数据、气象水文数据、遥感影像产品数据等，支持国产、开源的关系型数据库。数据存储服务 HBase 作为分布式数据库存储海量的大数据（百亿级别），提供高吞吐存储及快速查询检索，HBase 分布式数据库理论存储吞吐量为 1 万 TPS（transaction per second）。除支持大数据平台存储外，系统还将提供单服务器、本地离线、本地缓存等多种存储方式。

3.3.2　数据管理

在数据管理方面，数字地球平台主要通过元数据管理模块实现。该模块具备元数据管理能力，由元数据建模、元数据管理、元数据发布、元数据稽核组成，提供查询和分

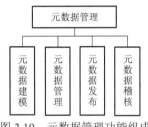

图 3.19　元数据管理功能组成

析及数据合规校验等通用基础服务，提供统一注册、存储和管理元数据定义的基础服务。元数据管理功能组成如图 3.19 所示。

元数据建模提供业务数据模型注册功能；元数据管理包括元数据采集、元数据维护和元数据查询，支持针对元数据按照表和字段等级别进行细粒度的权限管控；元数据发布支持元数据产品发布，注册至数据目录共享；元数据稽核支持元数据的历史版本管理和比对。

3.3.3　数据关联

在数据关联方面，数字地球平台主要通过数据关联模块实现。该模块主要负责融合各类数据之间的信息，基于规则和模型算法，对数据进行多维的关联分析，构建基于时间、空间、目标、特征、分类、标签等多维度的关联框架，支持关联的动态演化，为后续数据化服务提供重要的支撑。提供本地构建、关系构建、关联管理、知识融合、知识存储构建、关联查询功能，实现时间、空间、事件、目标、属性等关联，数据关联组成如图 3.20 所示。

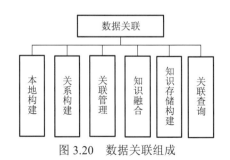

图 3.20　数据关联组成

本地构建提供空间关联和时间关联：空间关联依托 CGCS2000，对所有数据均建立空间关联，涉及各类坐标转换，特别是其他国家所用坐标系

转换到本坐标系统下；时间关联依托北斗标准时间，对所有数据建立时间关联，各类数据的获取时间均要转换到北斗标准时间，特别是世界时、地方时、其他国家/地区所用地方时均需基于时间基准进行转换。

关系构建主要提供基于属性的关联（图层关联），各类数据中针对具体要素或者实体的属性描述具有相关性，可以通过这种相关性实现要素或者实体在不同数据中的关联关系。

关联管理提供对数据关联关系的增、删、改，支持对数据已有关联关系的列表显示和人工修改。

知识融合主要基于事件进行关系关联，基于人工建立或者机器学习建立知识图谱，从文本等非结构数据中挖掘提取内容中的关键字、主题词、时间、空间、事件、目标等关键内容，实现文本非结构化数据内容关联。

知识存储构建提供目标关联，将地物、土地类型等相关数据通过目标之间的关联关系进行相关数据关联。

关联查询提供对数据关联关系的查询功能。

3.3.4 数据查询

在数据关联方面，"数字地球+"平台主要通过数据查询模块实现。该模块支持对海量数据进行索引以提升数据检索速度，支持各类数据检索，包括属性检索、全文检索、空间检索等。在具备数据编目的条件下，该模块支持编目检索。在检索方式上，该模块支持关键字检索、组合检索、按年份检索、按地区检索、按主题检索等，具有检索结果的统计汇总功能。数据查询功能组成如图 3.21 所示。

数据编目查询主要提供数据编目信息的查询；单条件查询能够支持按关键字、标签、专题、空间、时间、目标属性关联等单个条件进行查询；混合条件查询能够支持按关键字、标签、专题、空间、时间、目标属性关联等多个条件进行混合查询；查询结果统计能够支持对查询结果进行分类、统计，并形成相应的统计分析结果。数据查询界面如图 3.22～图 3.23 所示。

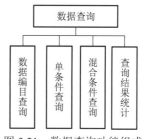

图 3.21　数据查询功能组成

图 3.22　数据查询界面一

图 3.23　数据查询界面二

3.3.5　数据可视化与交互

在数据可视化（黎华，2006）与交互方面，数字地球平台主要通过地理信息显示框架模块实现。该模块以图层显示调度为核心，实现包括遥感影像、电子地图、全球地形、海图、数字高程、矢量、倾斜摄影、实景数据等地理空间信息数据（王家耀，2001）叠加显示；通过四叉树结构调用不同数据瓦片，实现基础地理信息数据的分块加载；提供对数据的分层显示功能，能够对多比例尺数据进行自动、手动的数据调度显示，以在不同比例尺下显示适当的要素细节，包括数据分块加载、数据分层加载。地理信息显示框架功能组成如图 3.24 所示。

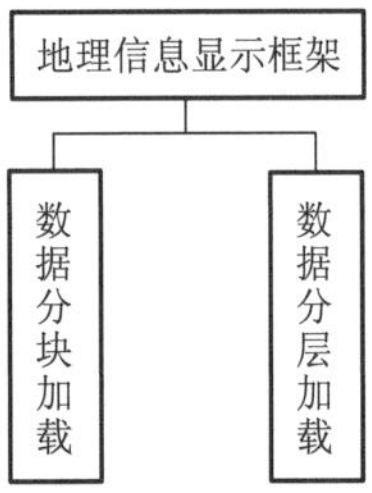

（1）支持数据种类。支持遥感影像、电子地图、全球地形、海图、数字高程、矢量、倾斜摄影、实景数据等地理空间信息数据叠加显示，支持数据的分块加载和分层加载，如图 3.25～图 3.27 所示。

图 3.24　地理信息显示框架功能组成

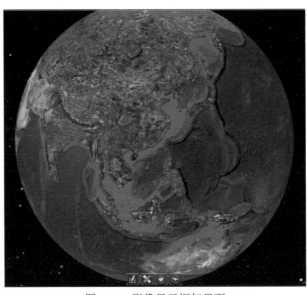

图 3.25　影像显示框架界面

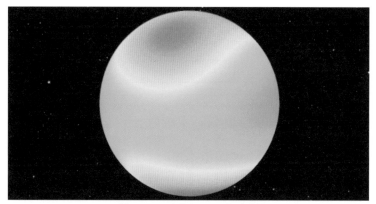

图 3.26　磁力场可视化界面

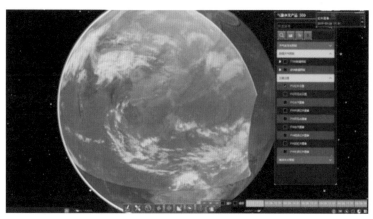

图 3.27　气象水文数据可视化界面

（2）数据分块加载。采用漫游浏览方式进行地理信息数据浏览（周成虎，2015），根据不同相机视角请求当前视角内的地理信息数据，进行数据的拼接，为提高数据加载效率，在视域中心加载当前视高分辨率数据、在视域边界加载次分辨率数据，实现地理信息数据分块加载。

（3）数据分层加载。在数据浏览过程中，不同视高显示不同分辨率的地理信息数据，以提高数据加载效率和终端渲染效率。在不同视高将数据分为不同层级，在高视角加载低分辨率数据，随着视高降低，加载数据分辨率提高；采用不同视高与不同分辨率数据对应，提高数据的加载效率。

3.3.6　空间量算

在空间量算方面，数字地球平台主要通过空间量算分析模块实现。该模块基于通用地理坐标系或常用投影坐标系，实现包括距离、面积、方位角度、高度、坡度、坡向、坡面等量算功能，实现高效的量算交互方式和形象的量算可视化效果；基于数字高程模型，实现通视度、剖面、可视域、缓冲区、淹没等空间分析，以及量算分析结果的记录、编辑、导入导出和统计等辅助功能，输出数据格式包括地图文件、图片、地标性文件、专题图、报告等。空间量算包括距离量算、面积量算、三角量算、通视度分析、缓冲区分析、淹没分析、剖面分析、分析管理等，功能组成如图 3.28 所示。

图 3.28　空间量算功能组成

距离量算可提供两种计算方式。一种是基于栅格的距离量算，可量算两个点或多个点之间折线段的长度，同时支持对不规则曲线的长度量算。另一种是基于矢量的距离量算，能够拾取、截取任意矢量元素，量算任意曲线、直线的长度。

面积量算一方面是平面面积量算，对由指定的若干个点构成的封闭多边形区域的面积进行量算，同时支持对不规则封闭曲线区域的面积量算。另一方面是地形面积量算，针对数字高程模型数据，考虑地形起伏的影响，进行地形面积量算（图 3.29）。

图 3.29　距离、面积量算界面

三角量算主要基于通用地理坐标系，实现三维地形（Polack et al., 2003）中地形的坡度、坡向、方位角度、坡面量算，提供形象的量算可视化效果。三角量算包括三维地形三角量算、三角量算交互方式设计。

通视度分析研究观察点对某一区域通视情况的地形分析。利用数字高程模型，判断地形上观察点在观察区域内的可见情况，实现视线通视分析和可视域分析两种分析功能，支持路径规划、聚类分析等空间分析，提供形象的通视度分析可视化效果。

缓冲区分析利用数字高程模型，判断某点在地形上的可缓冲范围。

淹没分析是指进行某点或某区域的淹没分析，利用数字高程模型，量算淹没容量、淹没时间等。

剖面分析是指以某种表现形式对指定两点间的地形剖面进行分析，以图表的形式直观展现两点间地形海拔走势（图 3.30）。

图 3.30　空间分析（剖面）界面

分析管理实现对各类分析结果的记录、存储等管理功能，主要包括对分析结果的记录、编辑、显示控制、存储加载及对比分析等。通过多种颜色的点、线、面、体、文字等要素，建立分析结果可视化模型，并在三维平台上进行展示。支持对空间分析结果的导入导出，并提供不同分析结果间的对比分析。

3.3.7　标绘

在标绘方面，数字地球平台主要通过标绘模块实现。该模块负责标绘元素的统一管理功能，支持基元标绘及标绘的生产、样式编辑，对标绘元素的渲染效率和显示效果等做出优化，提供多层显示功能，提高系统稳定性和流畅性。标绘功能组成如图 3.31 所示。

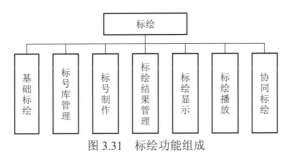

图 3.31　标绘功能组成

基础标绘模块具备基础标绘的能力，支持线段、折线、矩形、多边形、圆、角、扇形、文字、地标等二维标绘，以及几何体、三维模型等三维标绘。

标号库管理能够对现有标号库进行管理，实现标号库中标号的添加、删除、修改、查询等操作。

标号制作提供标号制作工具，可对标号进行自定义制作，并导入标号库中，实现标号的增量管理。

标绘结果管理提供标绘结果管理功能，可对已标绘的标号进行查看、分组等。可对标号或分组进行删除、修改等操作。实现标绘结果本地导入，导入标绘结果可在系统中进行展示，可将标绘结果导出到本地进行保存。

标绘显示提供多种线条绘制（吴金钟 等，2005）策略供不同场景使用，提升线条平滑性，减少线条锯齿，提供文字位置、偏移算法、组合策略，提供线面标绘贴合地形

（Duchaineau et al.，1997）显示效果。

标绘播放提供标绘动画演播、标绘特效，提供多种标绘组合显示方式，支持多种标绘动画效果。

协同标绘采用远程过程调用（remote procedure call，RPC）通信方式，支持多用户同时在线标绘，提供分组和权限管理功能。

3.3.8　导航应用

在导航应用方面，数字地球平台主要通过路径规划模块实现。该模块能够提供车辆路径规划功能，能够根据各类车辆的参数、用户需求、特定场景等，对车辆路径进行规划并在系统中显示（图 3.32）。

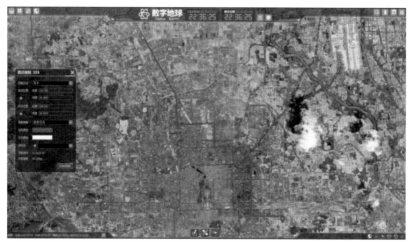

图 3.32　导航界面

基于导航路网数据（谭述森，2007）进行车辆路径规划，有公交模式、驾车模式，支持费用优先、距离优先、时间优先、不走高速等策略（图 3.33）。

图 3.33　路径规划与漫游界面

3.4 关 键 技 术

3.4.1 数字地球矢量渲染技术

数字地球的可视化技术是前端框架的基础，作为空间地理信息表达载体的矢量地图就是其可视化不可缺少的要素之一。传统的二维矢量地图渲染技术（Livny et al.，2009）经过多年的发展，基本满足了二维地图的显示需要。但是三维环境下的矢量地图，显示场景有别于二维平面，无法直接使用原有二维矢量地图下的符号化处理技术。例如，在传统二维矢量地图中，符号参数可以作用在最终的栅格化流程中，并且各类几何要素如点符号、线型符号、填充图案等均基于二维的地图坐标或者页面坐标进行参数设置，最终实现屏幕的栅格化显示。而在三维场景中，以上技术方法均不能直接应用。因此，面向数字地球的三维场景，需要基于三维图形学来实现矢量地图的符号化，在空间数据矢量瓦片切片的基础上，开展面向空间要素图层的矢量地图符号化及三维数字地球（张立强，2004）文字标注、线状符号、面填充符号等的渲染研究，突破三维环境下因空间数据要素多、几何类型复杂、符号化细节丰富、数据量过大而带来的三维场景复杂、性能降低等多种应用瓶颈，以实现数字地球平台对空间矢量地图的应用需求。

矢量渲染技术主要包括面向数字地球的矢量数据预处理、矢量要素的符号化和矢量地图的符号化渲染三个方面。

1. 面向数字地球的矢量数据预处理技术

对原始的空间数据进行矢量瓦片切片处理，并存储于地图服务中，以矢量数据的渐进型数据传输等技术进行数据访问，实现空间数据加载的优化。具体存储技术包括本地原始数据文件、松散型瓦片目录文件、矢量瓦片 tar 包、瓦片数据库（SQLite）、瓦片数据服务等，开发瓦片数据引擎提高空间数据加载速度。同时采用 TFS 服务的 GeoJSON 数据结构，提供优化的文本数据解析器等，以方便与外部服务的互联互通等。

2. 矢量要素的符号化技术

一般根据空间要素图层的组织方式，图层的符号根据属性类型分为单一符号、分类符号、分级符号等，根据矢量要素的类型采用点符号、线状符号、面状符号、文字标注符号等来分别进行可视化。三维环境下矢量数据的基本模型如图 3.34 所示。

对于不同的要素层，通过符号化引擎来检索识别要素，并且利用编码信息，设置相应的符号化参数，完成几何对象的符号化等。

3. 矢量地图的符号化渲染技术

传统的二维渲染方式为纯矢量渲染技术，即将所有的简单地图样式符号化为矢量的点线面等，将多层样式符号化为简单样式的叠加。在三维数字地球上采用矢量渲染技术，即根据特定的显示比例将各类符号实时进行预渲染（可同时处理简单符号及复杂符号的点线面实体等），然后利用三维图形符号化技术进行采样渲染。具体分为以下三种。

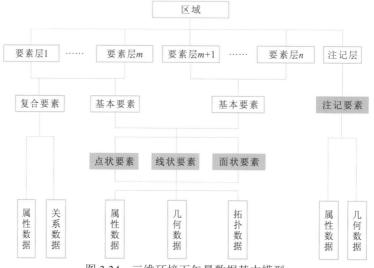

图 3.34　三维环境下矢量数据基本模型

（1）文字标注处理技术。少量标注直接利用三维图形库 OpenGL 的标注技术，但是当标注如地名等数量巨大时，其性能成为最大的应用瓶颈。因此对大量标注，拟利用现代 GPU 对纹理的特殊优化技术，首先采用实时的预渲染技术，将标注渲染为标注面板，然后利用面板查找相应位置以纹理方式处理。

（2）线状符号的宽度处理技术和贴地技术。线状符号是矢量地图中使用较多，也是较复杂的一种符号。在三维环境下，线状符号尤其重要，需要既能体现线状符号的制图效果，又能有近大远小的视觉体验（董卫华 等，2019）。通过对线要素进行世界坐标系下的宽度处理，并将高分辨率（谭兵 等，2003）的线符号应用到宽度线上，同时参考宽度保持技术进行处理，从而最大限度地实现与二维地图一致的线宽设置效果。

（3）面填充符号的贴地技术及纹理保持技术。通过研发面状符号在自定义填充样式后的 GPU 贴地算法（赖积保 等，2013），采用模板缓冲（stencil buffer）和深度缓冲（depth buffer）结合的方式实现单色彩填充样式的贴地效果。其中，模板缓冲类似于深度缓冲，使用深度缓冲的一部分进行工作，模板测试的结果决定了像素的深度值是否要被写入深度缓冲，以及像素的颜色值是否要被写入渲染目标；最后采用渲染到纹理（render to texture）的方式实现贴图样式的贴地效果（图 3.35）。

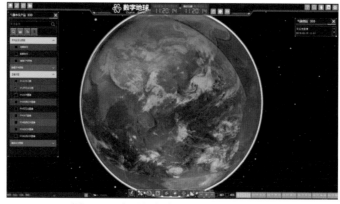

图 3.35　多时相气象云图动态演播界面

3.4.2　多源异构数据分布式存储技术

传统的基础数据服务数据来源各异、基准不一、类型繁多、数据量巨大、数据之间相互孤立、缺乏适应数据关联分析、显示应用的多源数据整合模型等问题，导致数据价值被潜在埋没。为了更好地管理分布式存储的各类信息资源，使各部门的信息资源得到更为高效的利用，突破分布式、异构、异地存储的限制，亟须构建一种符合分布式信息资源存储与管理方式的信息整合与建模架构，形成统一的全局资源视图。

基础数据服务承载的数据品类较多，数据格式和内容差别较大，解决海量、多源、异构数据统一管理与建模技术是一个难题。

一方面，不同用户信息系统体系结构、数据、软件及服务接口和规范不统一，相互之间难以互联互通，信息共享服务困难。需要基于全球时空基准统一基础平台，采用开放架构，支持二次开发，能够扩展集成应用，实现不同专业各类数据之间互联互通，在动态网络环境下，实现数据、插件、用户、应用的集成。

另一方面，通用数据服务需要承载的数据包括全球典型地物数据服务、全球基础影像数据服务、全球基础框架数据服务、全球气象水文数据服务等。这些数据来源多样、格式不一、形态多样、数据量巨大、缺乏适应多源数据的有效数据组织与关联方式，将导致数据价值埋没，应针对多源异构数据从时间、空间、属性、目标体系等多个维度实现统一管理与建模，为数字地球和应用服务等应用处理提供支撑。

1. 分布式集成框架

集成框架是若干独立的标准规范、软件接口和软件工具的集合。集成框架具有通用性、易用性、稳定性和跨平台等技术特点，包括资源目录、二次开发规范、服务接口、权限验证、流程支撑等，如图 3.36 所示。

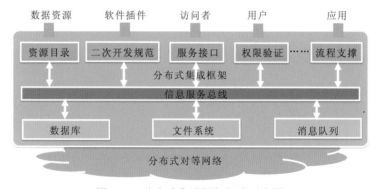

图 3.36　分布式集成框架组成示意图

2. 基于多模态数据混合存储方法

针对数据种类多样、结构异质、难于统一组织管理的问题，设计多模态数据混合存储方法，屏蔽数据存储的差异，实现数据的统一管理访问；理解各类型数据特点，构建面向特定领域知识的本体（ontology），能够动态扩展图谱的实体类型、属性和关系，实现数据的建模和表示。可采用本体构建技术对各类异构数据进行统一表示。

1）数据顶层抽象本体构建技术

面向各类数据的特点，深入分析数据的共性，提炼总结出能够涵盖所有数据的顶层抽象本体，主要分为几个步骤：针对各个应用抽象侧面，梳理总结各类数据在本应用侧面的共同点；将各个共同点从语义上进行统一命名，形成命名集 $N=\{c_1, c_2, \cdots, c_m\}$；利用 Protégé 建模工具建立一个抽象本体 O_A，具有衍生功能，O_A 的每个属性即为 N 中的值。

2）数据派生本体构建技术

在顶层抽象本体的指导下，可以生成针对每类具体数据的派生本体，从而详细描述该类数据的本质特点，具体步骤：针对每一类数据，将 O_A 进行派生，生成一个子类本体；总体提炼本类数据的特性，形成命名集；根据命名集数据，生成该派生本体的属性和属性值。

3）数据关系本体构建技术

除了顶层本体从抽象层面进行描述，还需要关系本体将各个派生本体的联系进行描述，具体步骤：总结任意两类数据的关系，形成本体链接集合；针对每个链接集合的数据，生成关系本体，将对应的派生本体进行链接描述。

3. 多源数据组织与管理技术

多源地理信息数据需要应对前端可视化系统带来的复杂检索和处理分析请求，因此，需要按照数据的特点和应用需求，将这些信息组织为结构化数据和非结构化数据。结构化数据采用分类组织的技术提高检索速度、环节并发压力。非结构化数据通过 K-V 设计应对单一数据和多种数据关联处理分析要求，主要包含如下几方面的技术。

1）基于快速响应的海量数据组织技术

大部分地理信息数据需要应对复杂的检索/读操作，这些数据需要以结构化数据的形式存储在数据库（陶治宇 等，2005），需要通过一定的策略，来保证海量数据情况下的高并发访问得到快速响应和处理。拟按照数据的活跃程度、访问并发量、时空属性、数据量、数据来源与类型进行分级、分表、分区存储，分级存储即将数据库以不同的组织形式放置在不同类型数据库（如结构化数据库、K-V 数据库、图数据库）或者文件系统中，分区和分表存储用于结构化数据库。

分级存储机制主要分为两种：一是按照不同的应用需求组织放置在不同形式的数据库；二是按照访问活跃度和访问量放置于内存数据库、数据库缓存或者是用硬盘作为存储介质的数据库系统。

在按照应用需求的分级组织存储机制中，提供 4 种不同的存储策略，以适应不同数据类型和应用需求：①关系型数据库，配合负载均衡器提供高并发访问情况下的复杂检索能力；②键值（key-value）存储数据库，K-V 模型对 IT 系统的优势在于简单、易部署、高并发，主要用来和关系型数据库配合缓解高并发压力；③列存储（column-oriented）数据库，对比关系型数据库，K 值检索速度极快，但单一 K 值导致其不适合复杂检索和多条件检索，适合数据需要进行数据分析、挖掘的情况；④文档数据库，查询效率更高，但数据存储能力有限（亿级），适合中规模海量数据的检索或者部分复杂检索。

按照访问活跃度和访问量，提供的数据组织存储策略分为 3 种：①数据库缓存，将数据动态存储于内存中，主要用来和数据库系统配合缓解高并发压力；②内存数据库，对高并发访问情况下要求快速响应的数据用内存数据库进行存储，主要指 Redis，依靠其自身机制进行落盘（存放在硬盘中的持久化操作，不依靠关系型数据库）且不做介质交换；③数据库系统，专指用硬盘作为存储介质，包括列式存储、关系型数据库、文档数据库等，作为较低并发或者返回结果速度要求不高的解决方案。

分区分表存储主要针对海量数据在面对高并发请求时的切分策略，在 MySQL 集群中，通过多个相同的 MySQL 数据库可以达到负载均衡的作用，对于基础平台，不同的数据来源、时间、空间属性的数据可以作为分表的依据。

2）基于时空统一的多源异构数据组织技术

时空数据（曹志月 等，2002）模型主要研究现实世界中的实体的表达、记录和管理方式，以及实体之间随时间的变化趋势。其变化主要包含空间位置变化（属性不变）、属性变化（空间位置不变）及实体空间位置和属性都变化三种情况。而时空数据库（龚健雅 等，2021）是地理信息系统（李德仁，1997）的应用基础，时空数据模型是以概念抽象描述客观世界，是一组表征实体之间相互关系的具有动态特性的实体集，它通常由数据结构、数据操作和完整性约束三部分组成（童晓冲 等，2006）。时空数据库主要包括 5 种模型，即时间附加模型、时间新维模型、面向对象模型、基于状态和变化的统一模型、时空数据模型（齐坡，2014）。

基础平台中绝大部分数据具有时空属性，大致分为两种：一是 GIS 数据，如栅格数据中的地图瓦片数据、遥感数据和矢量数据；二是构建在 GIS 基础上的各类地理信息数据，这些数据来源多种多样、数据量较大、扩展要求高，需要借助大数据技术进行存储管理，主要分类和处理方式如下。

（1）矢量结构数据：每个 GeoJSON 文档或者子文档按点数组和形状类型两部分进行存储。形状类型指示如何解析 coordinates 域；点数组指示使用 MongoDB 数据库进行存储，按 type 类型解析。

（2）栅格结构数据：将地理平面按行与列划分为网格单元，每个网格作为一个像元，每个像元具有不同灰度或者颜色（万刚 等，2016）。对于栅格金字塔数据有三种表现形式：用像元表示点、用某一方向像元表示线、用某一区域像元表示面。栅格金字塔可以利用四叉树结构产生，栅格文档模型的 type 可以定义为 Tile，每个 Tile 包含 level（级别）、rownum（行号）、columnnum（列号）、data（二进制数据）属性。

在统一时空基准与框架下，构建基于时空基准与目标体系的数据快速组织与关联模型。针对所面临的多源异构数据组织管理的数据特点，研究建立数据分级、分类体系，针对不同体系建立相应的元数据可扩展定义组织模型，引入面向对象的继承、泛化、衍生等思想，完成数据类型的扩展定义与定义更新；建立基于时间、空间、数据体系的多源数据组织关联，支持元数据定义、关联关系的调整、扩充，便于基于数据及基于空间的数据快速关联和持续积累，同时建立关联关系的主动发现、自动更新策略，并支持手工建立、人工确认和修改，便于关联关系的维护和更新，通过建立基于关联关系的数据组织模型，支持基于时间轴的数据组织。

3.4.3 二三维一体可视化技术

数字地球承载和展示的数据纵向贯通地面、海面、航空、临近空间、太空，要精确表达大尺度空间（Pajarola，1998）下各类数据的位置信息，并利用三维图形可视化技术进行一体化显示。通过数字地球将各类信息基于统一的时空基准框架进行集成整合，提供统一的信息资源视图，是构建数字地球的重中之重。

二三维一体可视化技术的难点如下。

（1）在统一时间维度下，建立不同的坐标系统之间的转换关系，并应用于计算机图形学的视景模型矩阵、投影矩阵计算，是难点之一。

（2）现有二维/三维多源遥感数据和图形展示系统往往只采用一种展现形式对多源数据和图形内容进行展现，即使有些系统支持二维和三维形式同时展现，往往也是通过进程间通信或文件共享等方式实现简单的内容协同，无法将两种展现方式进行深度融合。由于二维和三维方式对多源数据信息和图形数据的展现形式和应用优势不同，无法实现两种方式的完全一致和同步，需要对协同、联动的内容进行精细的划分和映射。

（3）大尺度空间场景的可视化效果，计算机图形学与图形处理器（GPU）密切相关，虽然目前很多 GPU 所支持的浮点精度是 32 bit，这对大多数小尺度空间场景可视化来说已经足够，但是当可视化尺度增大时将会出现明显的闪烁和抖动等问题，需要使用动态坐标系、场景分组绘制等策略来解决这些问题。

（4）二三维一体化"数字地球"构建，形成完整的二三维一体化数字地球执行方案，形成一体化数据管理、一体化显示管理、一体化图形标绘、一体化空间分析及二三维一体化下的国产化适配。

采用面向大尺度空间的统一时空框架及可视化技术、基于信息共享和通信框架的二三维系统联动技术、面向地理空间大数据的可视分析技术、二三维一体化技术等是实现二三维一体化数字地球构建的关键。

1. 统一时空框架技术

数字地球不仅要加载显示地球环境数据、各类地物等，还要展示磁场、重力场（国家地震局，1997）环境等对象，甚至包括太阳系各类天体、银河系恒星的显示，需要建立多种坐标系来支持各类物体的位置表达，主要包括地心地固坐标系、地心惯性坐标系、太阳系质心坐标系等，多种坐标系同时存在并需要建立坐标系之间的转换关系。此外，在计算机图形学中实现时，需要根据视点位置进行世界坐标系、观察坐标系的自适应变换。

1）时间的统一

时间的统一支持世界协调时（universal time coordinated，UTC）来表示。UTC 是国际无线电咨询委员会制定和推荐的，UTC 相当于本初子午线（经度 0 度）上的平均太阳时。它是经过平均太阳时（以格林尼治标准时间）、地轴运动修正后的新时标及以秒为单位的国际原子时（temps atomique international，TAI）综合精算而成的时间。数字地球通过 UTC 来统一时间表达，并实现 UTC 与世界时（universal time，UT）、TAI、儒略日（Julian day，JD）等其他时间标准之间的转换。通过引接北斗（冉承其，2014）授时信息，实现对标准时间的支持。同时支持时区的相互转换。

2）惯性坐标系统实现

深空中的各类物体包括恒星、银河系、太阳系（太阳、地球外行星、天体轨道）等深空目标的位置采用国际天球参考框架（international celestial reference frame，ICRS），该坐标系为广义相对坐标系，原点位于太阳系的质心处（通常也称为质心天球坐标系），是目前最理想的惯性坐标系，深空目标的坐标表示以光年、天文单位为尺度，在换算到统一的米为单位时，其坐标数值即使用双精度浮点数（64 bit）也无法精确表示，需要使用 128 位的大数来实现，并提供光年、天文单位、千米、米之间的转换。

围绕地球运动的各类天体等，采用 J2000 坐标系。ICRS 与 J2000 之间存在框架偏差，通过计算常值偏差矩阵 $\boldsymbol{B}$，实现互相转换。

3）地球坐标系统及坐标变换实现

地球坐标系统包括地心地固坐标系的建立和各种坐标变换，其中地心坐标系的原点、定向和尺度应该符合国际地球参考系统（international terrestrial reference system，ITRS）的坐标系定义，在生成地表环境时，参考椭球采用 CGCS2000 椭球参数。坐标变换包括平面坐标系（高斯-克吕格投影、墨卡托投影等）与大地坐标系的转换，以及地固坐标系与惯性坐标系的转换。

从地固坐标系到地心惯性坐标系（geocentric celestial reference system，GCRS 或 J2000 坐标系）的坐标转换矩阵由极移、自转和岁差章动组成。在某历元 UTC 时刻，ITRS 到 GCRS 的转换矩阵可写成：

$$r_{\mathrm{GCRS}} = \boldsymbol{Q(t)} \cdot \boldsymbol{R(t)} \cdot \boldsymbol{W(t)} \cdot r_{\mathrm{ITRS}} \tag{3.1}$$

式中：r_{GCRS} 和 r_{ITRS} 分别对应同一位置向量在 GCRS 和 ITRS 坐标系中的坐标；$\boldsymbol{W(t)}$、$\boldsymbol{R(t)}$ 和 $\boldsymbol{Q(t)}$ 分别对应极移、自转和岁差章动转换矩阵。

同时支撑正轴、横轴、斜轴与圆锥、圆柱、方位等组合投影转换（图 3.37）。

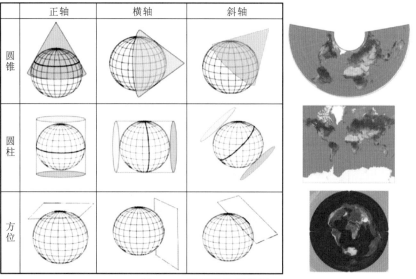

图 3.37　投影转换示意图

4）三维图形环境坐标系统

三维图形学中的坐标系统主要包括模型坐标系、世界坐标系、观察坐标系，它们与统一时空坐标系实现相关。除此之外，还有规范化设备坐标系及设备坐标系等。

（1）模型坐标系。模型坐标系是一个局部坐标系，同时可以是一个典型的平面直角坐标系。通常人们将基本形体或图形与某些位于物体上的角点、中心点或靠近它们的点联系起来考虑，比如在创建圆形的时候，一般将圆心作为参考点来创建圆周上其他各点，这时实质上就构建了一个以圆心为原点的参考坐标系。为了更直观方便的操作，在对圆形进行变换时，一般以圆心为参考点进行变换。

（2）世界坐标系。对每个物体单独建模以后，需要将其进行组合放进同一空间。此时需要抛弃各个对象原有的坐标系，建立一个全局坐标系，可以将所有对象纳入其中，这个坐标系即称为世界坐标系，也叫用户坐标系。这个过程实质上是将一个物体从局部空间组合装配到世界空间的变换过程。

（3）观察坐标系。即从用户角度，定义观察点位置和方向，得到所期望的显示结果，从观察者角度完成对整个世界坐标系内的对象进行重新定位和描述，简化后续二维图形在投影面成像的推导和计算（鲍建宽 等，2013）。图 3.38 为观察坐标系示意图。

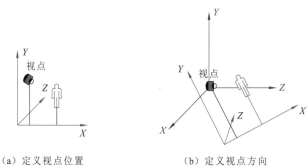

　　（a）定义视点位置　　　　　　（b）定义视点方向

图 3.38　观察坐标系示意图

地球与深空两种环境下的尺度差距较大，三维世界坐标系的原点及观察坐标系在世界坐标系的位置需要进行自适应调整。在距离地球比较近的观察范围内（从地面到卫星轨道空间），世界坐标系可以与地心地固坐标系重合，观察点的位置及地球上的物体坐标 (x,y,z) 与大地坐标系一样，也符合使用习惯，方便地理坐标与世界坐标的转换；当观察点（视点）远离地球观察深空目标时，世界坐标系切换为以观察点为原点，所有的真实世界坐标（在惯性坐标系下的坐标）需要进行转换得到在三维世界坐标系中的坐标。此外，不同坐标系统需要建立对应的变换节点，并施加对应的矩阵变换，例如地球及随地球自转的物体统一建立地球变换节点，施加共同的变换矩阵（极移、自转和岁差章动转换）。

5）球面剖分

开展球面剖分设计，通过这一过程把椭球面（赵学胜 等，2009）转换成一系列 GPU 能够处理的三角面片，加快地球构建速度。具体球面剖分方式可分为三种，如表 3.1 所示。

表 3.1 球面剖分算法对比

算法	极点过采样	避免跨极点	避免跨进程通信语言	相同三角网形状	平行于经纬线
细分表面	否	否	否	是	否
立方体映射	否	否	是	否	否
地理网格	是	是	是	否	是

6）模型视图变换

通过对模型或摄像机坐标进行变换，从而控制物体或视角发生改变，支持刚性物体的平移、旋转和缩放，如图 3.39 所示。

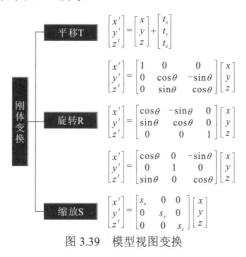

图 3.39 模型视图变换

2. 基于信息共享和通信框架的二三维协同联动技术

为了结合二三维表现形式各自的优点，经常需要同时以二维结合三维的形式对信息进行表达，这些二三维形态的视图可能有以下几种方式，如图 3.40 所示。

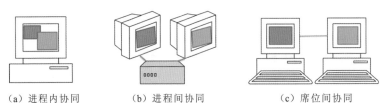

| （a）进程内协同 | （b）进程间协同 | （c）席位间协同 |

图 3.40　二三维视图协同情况示意图

（1）同一窗口同时存在多个视图，每个视图显示同一场景不同方面。

（2）同一窗口同时只有单视图，但可以对显示模型在二维与三维之间进行切换。

（3）同一程序存在多个窗口，每个窗口为二维或三维视图。

（4）本地存在多个进程，每个进程为二维或三维视图。

（5）网内存在多个席位，每个席位部署二维或三维视图。

这些情况均可能涉及二维和三维视图在数据和操作层面需保持一致，即需要支持各种情况下的协同和联动。其中前 4 种情况可以通过共享内存实现协同，最后一种情况可以通过交换标准实现协同，通信框架则保证交互一致性和发起协同请求。

1）基于共享内存的信息协同

同一窗口、同一进程、同一席位由于共享内存和存储资源，均可基于共享内存技术实现二三维视图间协同，包括几个方面：定义信息共享具体内容和映射方式，根据当前视图形态进行智能解析（杨元喜 等，2021）；定义需要信息共享的数据结构，并公开数据结构所在内存指针，供各个视图访问；建立读写锁机制，保证内存访问的线程和进程安全。

2）基于交换标准的信息协同

当局域网或指挥专网内不同席位要求在二三维视图之间保持协同时，由于各个席位之间不共享单机资源，需要采用基于统一数据交换标准的 DOA 实现信息协同。

统一数据交换标准超地理标记语言（hyper geographic markup language，HGML）是以 XML 为基础的空间数据资源标记语言，作为实现多终端协同联动的核心，可以对结构化、非结构化、半结构化数据统一管理、注册和封装，为数据共享、数据交换提供基础。

面向数据的体系架构（data-oriented architecture，DOA）采用大数据（李德仁 等，2014）注册机制和统一的数据交换标准管理空间数据，数据注册中心使用 HGML 作为数据交换标准，提供了一种异构数据的统一访问机制，它作为海量数据的管理中心和客户端与服务云的连接通道起着至关重要的作用。

基于 HGML 和 DOA 的席位间信息协同流程如图 3.41 所示。协同席位一的操作和数据改变，发出主动更新请求，并将自身同步内存块中缓存的协同信息通过序列化生成 HGML 数据流发送给协同服务；协同服务接收到协同请求和内容，广播给需要协同的其他席位；其他席位获取到更新消息后，从协同服务获取 HGML 数据流并反序列化成内存数据结构，之后通过解析流程进行重绘。

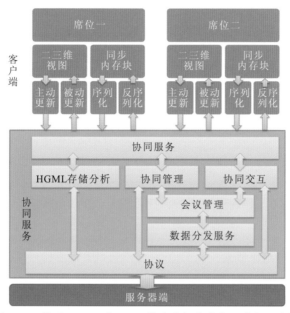

图 3.41　基于 HGML 和 DOA 的席位间信息协同流程示意图

3）基于通信框架的联动技术

通过共享内存和统一数据交换标准能够实现不同视图间信息的协同，然而协同的时机依然是需要解决的问题，因此设计基于观察者模式的通信框架，对各类触发重绘请求的消息进行监听、管理、分发，并通知需要重绘的视图，整体通信框架设计如图 3.42 所示。

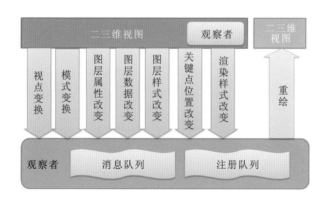

图 3.42　整体通信框架设计示意图

通信框架包括注册、监听、通知三个步骤。①注册，创建观察者对象，需要参与协同联通的二三维视图向观察者注册，并在自身结构中包含一个观察者实例；②监听，观察者监听注册视图的状态，当发生需要其他视图重绘的操作或变化时，将重绘请求和对应的参数加入消息队列；③通知，观察者以此取出消息队列中的消息，通知注册队列中其他参与协同的二三维视图进行重绘。

这个过程中，具体协同的内容由共享内存和统一数据交换标准定义。其中，触发重绘的操作和改变包括：①显示变化，主要包括视点变化和显示模式变化；②图层属性变化，如地理信息图层、标绘图层的添加、删除、调整顺序、合并、拆分、保存、加载等操作；③图层数据变化，改变图层关联的地理信息来源；④图层样式变化，改变图层的显隐或其他图层级控制的显示样式；⑤关键点位置变化，标绘中定位点、控制点位置发生改变；⑥渲染样式变化，地理信息显示、标绘显示中对渲染样式的调整。

3. 面向地理空间数据二三维可视分析技术

地理空间大数据可视分析技术是将可视分析的方法应用于地理信息科学领域，属于两者的交叉研究。地理空间大数据可视分析技术着重关注时空领域可视化分析，并采用人机交互界面的方式，综合利用地图学、计算机及人的知识构建和表达能力，来进行分析推理和决策支持。

1）大尺度空间可视化技术

由于数字地球具有大尺度空间的大规模三维场景，需要支持从近地（地表）到太空（如卫星轨道）再到深空（如太阳系天体（图 3.43）、恒星）的平滑无缝的渲染，坐标范围从毫米到光年尺度，在 CPU 核内存中需要采用双精度（64 bit）、大数（128 bit）来计算世界坐标才能保证足够的精度，然而当前的不少图形处理器只能支持 32 位单精度浮点数，因此数值在传递给 GPU 计算时会造成精度损失，导致渲染结果出现图像抖动、闪烁等现象，需要使用动态坐标系、场景分组绘制等技术来解决这些问题。

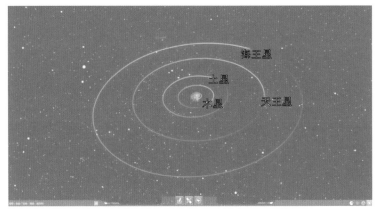

图 3.43   太阳系星座图（J2000 坐标系）

（1）动态坐标系技术。当人造卫星距离较远时，采用某种简洁图标加文字表示，随着视点改变，会出现微小且视觉可以接受的抖动。当人造卫星距离较近时，由于天体和人造卫星的尺寸相差巨大，小尺度数值将被大尺度数值"淹没"，这会导致视点移动时在可视化界面上产生人类视觉无法容忍的晃动（wobbling）现象，甚至可达几个像素之多（李德仁 等，2017）。因此，当场景中同时存在像地球和人造卫星这类尺度差异较大的实体时，依靠静态坐标系难以准确描述任何时刻实体的准确位置，此时便需要引入动态坐标系技术，把浮点的大数值降为小数值参与 GPU 的运算，以地表某点为例，如图 3.44

所示，O 为世界坐标原点，P 为相机所在坐标，A 为地表某点。为了降低 A 的数值，以 A 附近的点 O_c 为新的世界坐标原点，A 在新的世界坐标系的坐标 $A_c=A-O_c$，只要 O_c 与 A 的距离足够近，A_c 的数值就变为小数值，参与 GPU 运算，可以解决抖动问题。

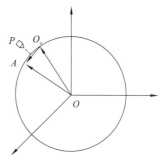

图 3.44　动态坐标系示意图

（2）场景分组绘制技术。在目前的图形绘制流水线中，经观察变换、视点变换和投影变换将图元坐标变换到单位立方体中，投影变换中产生的 Z 值决定了光栅化时的消隐。对前文提到的尺度相差巨大的实体来说，在坐标系中 Z 值的远裁与近裁剪面相差很大，这导致虽然某些天体有一定投影范围，但是却只能识别出一个点，因为精度限制，无法描述其细节。并且当视点移动时天体会产生闪烁现象，视点不动时显示混乱。针对此问题，可以采取场景分组分次绘制策略。为了避免尺度相差较大的天体同时显示，将场景中实体按照一定关系分组分别绘制，同组中尺度相近，所有组加起来可以实现整个空间场景的可视化。由于每次绘制时都是独立的，并且同组坐标相近，可以仅显示坐标存在差异的部分，同时每次都将 Z 缓冲区清除，以充分利用 Z 值精度。这样可以在不同独立坐标系下实现尺度差异巨大的实体的高精度显示。针对视点移动时的闪烁现象，根据局部坐标系中实体在视线方向投影距离远近分别设置不同的近裁、远裁剪面，充分利用 Z 缓存，达到消隐目的。

2）二三维一体化展现技术

（1）窗口管理。支持多窗口，窗口间可以进行图层联动和视角联动。图层联动通过数据共享实现；视角联动通过消息通信实现。

（2）显示模式管理。每个窗口提供全局和局部显示模式，全局视图包括二维地图、2.5 维地图、2.5 维浮雕、三维地球；局部视图包括街景、室内、剖面等；支持接口调用和用户按照比例尺/视高配置两种切换形式；二三维将使用共同的图层配置能力、显示样式配置能力、地图保存能力。

（3）视角控制。二维模式支持的视角形式包括上帝视角、第一人称、第三人称；三维模式支持的视角形式包括上帝视角、第一人称、第三人称、地面、水下、室内。

3.4.4　时空基准统一技术

时空基准统一技术主要包括时间基准统一技术、空间基准统一技术、惯性坐标系与地固坐标系转换技术、全球地心坐标系间转换技术、全球高程基准统一技术和重力扰动场（周江文 等，1987）元基准统一技术。

1．时间基准统一技术

时间基准统一技术主要基于北斗授时服务，图 3.45 为北斗授时服务示意图。全球 80 多个授时实验室的 500 多台原子钟为世界协调时 UTC 的计算提供数据。中国科学院国家授时中心保持的协调世界时称为 UTC（NTSC）（焦文海 等，2020）。UTC（NTSC）与 UTC 偏差控制在 4 ns 以内。北斗时（BeiDou time，BDT）通过国家授时中心保持的 UTC，与国际权度局 UTC 建立联系，BDT 与国际 UTC 的偏差保持在 50 ns 以内。北斗卫星授时可以提供全球性、全天候、高精度的标准时间，授时精度可达 5 ns。

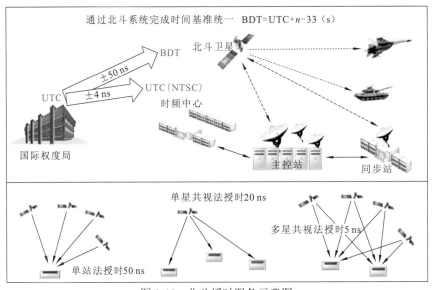

图 3.45　北斗授时服务示意图

2. 空间基准统一技术

空间基准统一包括坐标基准转换、高程基准与深度基准转换、重力基准转换，如图 3.46 所示。

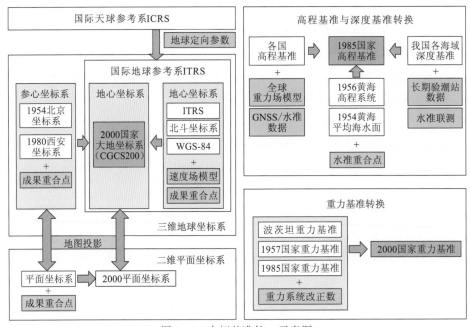

图 3.46　空间基准统一示意图

坐标基准转换包括惯性坐标系与地固坐标系的转换，不同框架历元的地心坐标转换为 CGCS2000、三维地球坐标系与二维平面坐标系之间的转换。

高程基准与深度基准转换包括我国曾用高程基准与 1985 国家高程基准的转换、全球各国高程基准与 1985 国家高程基准的转换、深度基准与 1985 国家高程基准的统一。

重力基准转换包括国内外曾用的重力基准与 2000 国家重力基准的转换。

3. 惯性坐标系与地固坐标系转换技术

惯性坐标系与地固坐标系转换技术如图 3.47 所示。其中，协议天球参考系（conventional inertial system，CIS）又称为"J2000 历元平天球坐标系"或"协议惯性参考系"，由地球赤道和黄道定义。CIS 的现代版——ICRS，由一组射电源的坐标定义，是一个准惯性系。ICRS 与 CIS 的框架很接近，但定义上有本质的区别。ICRS 的基准与地球的自转、公转无关，或者说与赤道、黄道无关。它是四维质心时空参考系（BCRS）的空间部分，类似地，ITRS 也是四维地心地球参考系（GTRS）的空间部分。

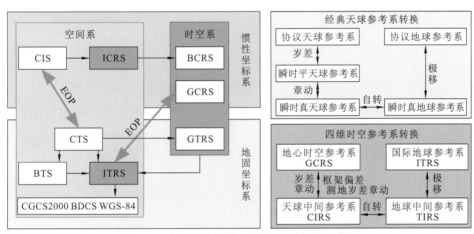

图 3.47　惯性坐标系与地固坐标系转换示意图

协议地球参考系（CTS）的现代版——ITRS，与四维地心时空参考系 GCRS 之间通过地球定向参数（Earth orientation parameter，EOP）转换。其中，EOP 参数包括岁差章动、极移、自转，还要顾及 ICRS 与 CIS 之间的框架偏差常量。

同时，岁差章动模型还应扣除由于地球绕太阳公转、太阳引力势变化而产生的广义相对论效应，称为测地岁差章动。狭义相对论效应及太阳自转对时空的拖曳效应则被忽略。

4. 全球地心坐标系间转换技术

CGCS2000 坐标的参考框架和历元约定为 ITRF97 参考框架和 2000.0 历元。我国常用的现代地心坐标系包括 CGCS2000、WGS-84 坐标系，以及北斗坐标系（BeiDou coordinate system，BDCS）等。这些坐标系的定义都与 ITRS 相同，也都对准了不同版本的 ITRF 参考框架，同属于 ITRS。由于地心坐标系的参考框架不同，所以分为不同的坐标系。这些地心坐标系下的每个坐标都有对应的 ITRF 参考框架和历元，也都可以通过框架转换和历元归算转换到 CGCS2000，也就是 ITRF97 参考框架和 2000.0 历元。

历元框架转换方法适用于全球范围，以及短时间间隔的归算。重合点转换方法适用于国内范围，以及小区域转换。

5. 全球高程基准统一技术

以 1985 国家高程基准为基准，将各类全球高程基准进行统一转换，如图 3.48 所示。

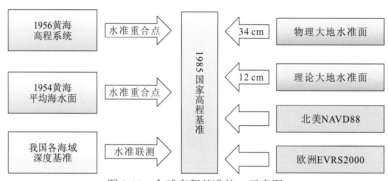

图 3.48　全球高程基准统一示意图

（1）我国曾用高程基准：通过水准重合点求区域改正数，转换为 1985 国家高程基准。

（2）我国各海域深度基准：通过水准联测，与 1985 国家高程基准统一。

（3）全球卫星观测（李德仁 等，2012）定义的物理大地水准面：转换为 1985 国家高程基准。

（4）全球重力位模型定义的理论大地水准面：转换为 1985 国家高程基准。

（5）全球各国高程基准：转换为 1985 国家高程基准。

图 3.49 所示为全球各国高程基准统一为我国的 1985 国家高程基准的方法。

图 3.49　全球高程基准统一方法

（1）全国 GNSS 水准点 Q 的地心坐标和正常高是已知的（陈明 等，2016），利用 EGM2008 模型，即可通过图 3.49 中第一个公式计算 1985 国家高程基准面的重力位 W_0。

（2）利用全国数千个 GNSS 水准点，通过最小二乘法可得到更为可靠的 1985 国家高程基准面的重力位 W_0。

（3）利用境外 P 点的坐标和 EGM2008 模型，以及前面算出的 1985 国家高程基准面的重力位 W_0，即可通过图 3.49 中第二个公式计算 P 点的 1985 国家高程基准正常高。

6. 重力扰动场元基准统一技术

重力扰动场元包括重力异常、高程异常和垂线偏差等。

涉及的基准有坐标基准、重力基准、正常椭球、大地水准面和潮汐系统，其中坐标基准包括参考框架、历元和参考椭球。

除高程异常对似大地水准面敏感外，其他现代基准间的差异对扰动场元的影响都可以忽略。

图 3.50 所示为重力扰动场元基准统一方法，其中：①重力位是位置的函数，因此重力位模型（如 EGM2008）只有坐标基准和重力基准，与正常椭球和大地水准面无关；②用重力位模型计算扰动场元时，需要引入一个正常椭球，这个正常椭球可以根据实际需要自选；③选定一个正常椭球后，用重力位模型计算的扰动场元的大地水准面与该正常椭球的重力位相等，称为理论大地水准面；④重力模型的尺度参数只是为球谐展开提供一个初值，并不是一个椭球，它与引力位系数配套，因此也不能更换为其他值。

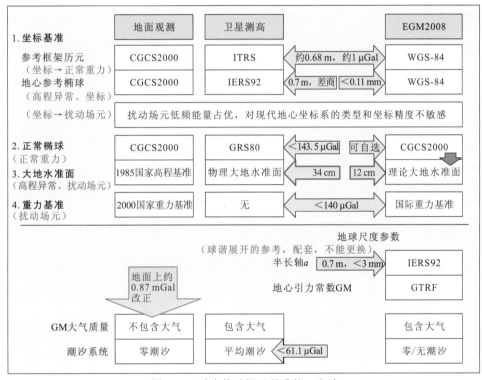

图 3.50 重力扰动场元基准统一方法

参 考 文 献

鲍建宽, 范兴旺, 高成发, 等, 2013. 4 种全球定位系统的现代化及其坐标转化. 黑龙江工程学院学报, 27(1): 36-40.

曹志月, 刘岳, 2002. 一种面向对象的时空数据模型. 测绘学报, 31(1): 87-92.

陈明, 武军郦, 2016. 国家 GNSS 连续运行基准站系统设计与建设. 测绘通报, 26(12): 7-9.

董卫华, 廖华, 詹智成, 等, 2019. 2008 年以来地图学眼动与视觉认知研究新进展. 地理学报, 74(3):

599-614.

高俊, 曹雪峰, 2021. 空间认知推动地图学学科发展的新方向. 测绘学报, 50(6): 711-725.

龚健雅, 2018. 人工智能时代测绘遥感技术的发展机遇与挑战. 武汉大学学报(信息科学版), 43(12): 1788-1796.

龚健雅, 许越, 胡翔云, 等, 2021. 遥感影像智能解译样本库现状与研究. 测绘学报, 50(8): 1013-1022.

国家地震局, 1997. 地震重力测量规范. 北京: 地震出版社.

华一新, 2016. 全空间信息系统的核心问题和关键技术. 测绘科学技术学报, 33(4): 331-335.

蒋杰, 2010. 全球大规模虚拟地理环境构建关键技术研究. 长沙: 国防科学技术大学.

焦文海, 张慧君, 朱琳, 等, 2020. GNSS 广播协调世界时偏差误差评估方法与分析. 测绘学报, 49(7): 805-815.

赖积保, 孟圆, 余涛, 等, 2013. 一种基于 Dual-GPU 的三次卷积插值并行算法研究. 计算机科学, 40(8): 24-28.

黎华, 2006. 地形与地质体三维可视化的研究与应用. 北京: 中国科学院广州地球化学研究所.

李德仁, 1997. 关于地理信息理论的若干思考. 武汉测绘科技大学学报, 22(2): 93-95.

李德仁, 童庆禧, 李荣兴, 等, 2012. 高分辨率对地观测的若干前沿科学问题. 中国科学(地球科学), 42(6): 805-813.

李德仁, 王密, 沈欣, 等, 2017. 从对地观测卫星到对地观测脑. 武汉大学学报(信息科学版), 42(2): 143-149.

李小龙, 2017. 支持动态数据管理与时空过程模拟的实时 GIS 数据模型研究. 测绘学报, 46(3): 402.

骆剑承, 胡晓东, 吴炜, 等, 2016. 地理时空大数据协同计算技术. 地球信息科学学报, 18(5): 590-598.

齐坡, 2014 . 空间方向关系的关键技术研究. 哈尔滨: 哈尔滨理工大学.

冉承其, 2013. 北斗卫星导航系统建设与发展. 国际太空, 13(10): 35-38.

冉承其, 2014. 北斗卫星导航系统运行与发展. 卫星应用, 14(8): 13-16.

谭兵, 徐青, 马东洋, 2003. 用约束四叉树实现地形的实时多分辨率绘制. 计算机辅助设计与图形学学报, 15(3): 270-276.

谭述森, 2007. 卫星导航定位工程. 北京: 国防工业出版社.

陶治宇, 马东洋, 徐青, 等, 2005. 基于 Oracle 多分辨率遥感影像数据库的设计. 测绘学院学报, 22(1): 65-68.

童晓冲, 贲进, 张永生, 2006. 全球多分辨率数据模型的构建与快速显示. 测绘科学, 31(1): 72-74, 79.

万刚, 曹雪峰, 李科, 等, 2016. 地理空间信息网格理论与技术. 北京: 测绘出版社.

王家耀, 2001. 空间信息系统原理. 北京: 科学出版社.

吴金钟, 刘学慧, 吴恩华, 2005. 超量外存地表模型的实时绘制技术. 计算机辅助设计与图形学学报, 17(10): 2196-2202.

杨元喜, 杨诚, 任夏, 2021. PNT 智能服务. 测绘学报, 50(8): 1006-1012.

于强, 易长荣, 占惠, 2009. ITRF2000 转换到 CGCS2000 框架的分析. 全球定位系统, 34(5): 49-51.

张立强, 2004. 构建三维数字地球的关键技术研究. 北京: 中国科学院遥感应用研究所.

赵学胜, 崔马军, 李昂, 等, 2009. 球面退化四叉树格网单元的邻近搜索算法. 武汉大学学报(信息科学版), 34(4): 479-482.

周成虎, 2015. 全空间地理信息系统展望. 地理科学进展, 34(2): 129-131.

DUCHAINEAU M, WOLINSKY M, 1997. ROAMing terrain: Real-time optimally adapting meshes. Proceedings of the IEEE Conference on Visualization: 81-88.

LIVNY Y, EL-SANA K J, 2009. Seamless patches for GPU-based terrain rendering. The Visual Computer, 25(3): 197-208.

PAJAROLA R, 1998. Large scale terrain visualization using the restricted quadtree triangulation. Proceedings of the IEEE Conference on Visualization: 19-26.

POLACK T, 2003. Focus on 3D terrain programming. Droitwich: Premier Press.

ROTTGER S, HEIDRICH W, SLUSALLEK P, 1998. Real-time generation of continuous levels of detail for heightfields. Proceedings of WSCG'98: 315-322.

第4章 "数字地球+"设计与应用

4.1 概 述

"数字地球+"应采用统一技术体制,基于统一时空基准,利用数据、资源和软件整合技术,采用基于插件的二次开发技术框架,采用一体化、网络化、自动化、服务化和智能化的思路打造基础平台,利用统一插件接口研制共性通用插件,应用统一标准规范建设集成框架,通过统一数据模型实现基础数字资源整合,采用数据引接实现动态数据资源集成,通过用户使用不断迭代完善。

"数字地球+"的体系设计(图4.1)通常遵循以下原则。

(1)体系构建。构建基于遥感、测绘地理、气象水文等多专业领域数据的"数字地球+"信息服务体系,提供基于数字地球的地理空间信息服务。

(2)系统集优。构建"数字地球+"体系需求为牵引,研制集成服务框架、地图编辑、管理、分析与数据处理服务、街景数据处理与服务、地理数据处理与服务、网络数据等,建设统一数字地球平台。

(3)数据整合。遵循相关国家标准和行业标准,构建数字地球标准体系,针对现有各类数据产品,提供数据切片、融合与转换工具,能对遥感、测绘、气象等专业数据进行整合改造。

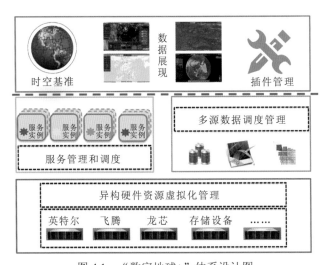

图 4.1 "数字地球+"体系设计图

4.2 体系设计

4.2.1 概念设计

"数字地球+"的概念设计如图4.2所示,按照"数据+平台+应用"的思路进行应用推广。其中,数据包括遥感数据、地理信息数据、测绘数据、气象水文数据、导航数据、企业数据、行业数据、网络数据等。数字地球平台以集成框架和插件形式实现,既可以嵌入各类信息系统中,通过提供二次开发接口无缝集成链接到各政府保障部门、工业部门和企业的信息系统中,其他信息系统也可以插件形式集成链接到数字地球系统中,直接或集成运行。数字地球系统对外服务于政府机关部门、企业等用户,为智慧城市、智慧水利、交通数字化、农业三产融合大数据等应用提供各类数据支撑和决策支持(李德仁 等,2010)。

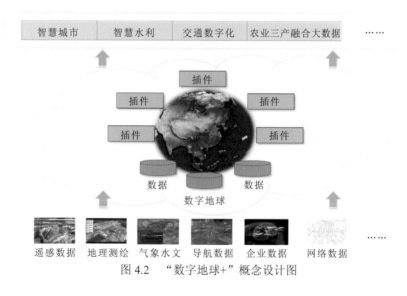

图4.2 "数字地球+"概念设计图

4.2.2 技术体系设计

"数字地球+"在技术架构上可分为基础设施层、数据资源层、资源管理层、核心服务层、应用支撑层、运行支撑层、应用集成层、业务应用层,如图4.3所示。其中数据资源层、资源管理层、核心服务层、应用支撑层、运行支撑层构成数字地球平台,加上应用集成层构成"数字地球"核心部分。基础设施层提供软硬件基础,业务应用层则为各专业、领域进行的上层应用开发。

"数字地球+"系统采用分布式、多中心、分层技术架构,将各类分散的数据节点形成一个逻辑对等、业务分级的网络架构,在统一的技术框架下实现应用节点与数据节点间的互联互通,有效引接整合遥感、地理信息、测绘、气象水文、导航等基础数据资源,提供统一的基础设施服务、基础资源服务、核心工具服务和应用插件服务。

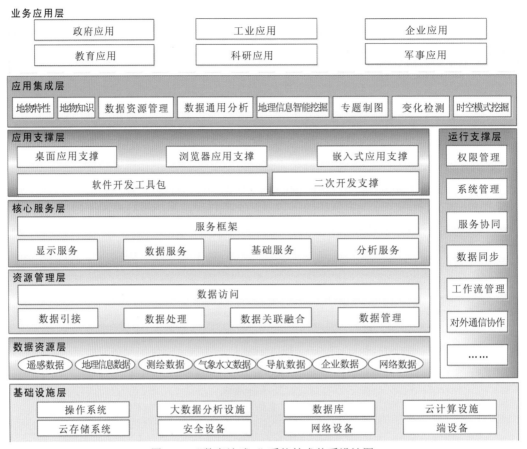

图 4.3 "数字地球+"系统技术体系设计图

"数字地球+"系统应用大数据、云计算、插件等先进技术,在统一时空基准和标准规范下,通过大数据统一管理各类基础数据资源、动态数据资源等;通过云平台构架虚拟资源云,确保系统灵活重构;通过集成框架和插件技术,保证系统的灵活装配和可拓展性;提供面向应用的各类插件服务,满足不同应用样式、不同应用场景下各类用户的多元化需求。各用户均可按需获取各类云端服务,使地理空间资源"不为我所有,但为我所用",实现地理空间信息高度融合、快速流转、按需服务。

"数字地球+"系统平台采用"平台+插件"体系结构,形成基于插件的二次开发理念。在稳健的平台运行支撑下,提供一系列共性功能插件集合,同时具备开放性、模块化、可复用、可更新、可组装和可二次开发等技术特点,实现了信息系统的"增量式"开发和"迭代式"升级,适应信息化时代技术快速革新的趋势,具备强大的生命力。

基础设施层提供系统运行的软硬件支撑环境,包括云存储系统、安全设备、网络设备、端设备、操作系统、数据库、大数据分析设施、云计算设施等。

数据资源层主要整合遥感数据、地理信息数据、测绘数据、气象水文数据、导航数据、企业数据、网络数据等。

资源管理层负责基础数据、专业数据等各类数据的存储、组织、管理与访问。

核心服务层主要负责提供高可靠、高可用、可动态扩展的显示服务、数据服务、基础服务、分析服务等各类地理信息服务。

应用支撑层负责提供共性软件开发工具包和二次开发支撑，为桌面、浏览器、嵌入式等多种形态的各类业务应用的开发提供支撑。

运行支撑层主要为数字地球的运行提供辅助支撑。

应用集成层有效集成各类基础性应用功能向上层应用提供共性插件和专题服务。

业务应用层则针对各级政府、工业部门、企业、学校等用户的各类需求开发面向领域的上层应用。

4.2.3 时空基准架构设计

统一的时空基准是"数字地球+"的核心和关键，它能够为用户提供时间基准、空间基准、高程基准、深度基准、重力基准，这些是构建二三维显示控制支撑的基础。统一时空基准架构如图 4.4 所示。

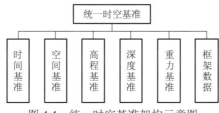

图 4.4 统一时空基准架构示意图

（1）时间基准：目前，北斗授时服务可为数字地球的实时动态服务和多时相遥感、地理信息、测绘等数据提供高精度的时间基准，并对时间系统进行管理。

（2）空间基准：数字地球以 CGCS2000 为基准，并提供 J2000 坐标系，支持多种坐标系和投影格式的转换。CGCS2000 为协议地球参考系，参考系原点为地球所有圈层总质量中心。BIH（国际时间局）1984.0 提出的 CTP（协议地球极）方向定义为 CGCS2000 的 Z 轴；与 Z 轴正交并过原点的赤道面同参考子午面（IERS）的交线定义为 X 轴；根据右手地心地固直角坐标系定义 Y 轴。

我国数字地球几何中心和旋转轴分别与 CGCS2000 的原点和 Z 轴重合，且皆为等位旋转椭球。其参数如下：角速度 $\omega = 7.292\ 115 \times 10^{-5}$ rad/s；扁率 $f = 1/298.257\ 222\ 101$；长半轴 $|a| = 6\ 378\ 137.0$ m；地心引力常数 GM $= 3.986\ 004\ 418 \times 10^{14}$ m^3/s^2。

（3）高程基准：采用 1985 国家高程基准作为高程基准，对高程进行显示、计算等。

（4）深度基准：采用理论最低潮面作为深度基准，对海洋深度进行标注显示。

（5）重力基准：采用 2000 国家重力基准作为重力基准。

（6）框架数据：主要由正射影像框架数据、矢量地形数据、控制点基准数据、地球重力/磁力、数字线划图、数字高程模型等数据组成。构建完成世界坐标系及计算得到地表的三维顶点坐标后，数字地球还只是一个"白球"，上面还需要承载各类数据才能进行实际应用（Xu et al.，2010）。下面以影像数据为例说明数字地球的数据加载过程。

基础影像数据集提供数据后，数字地球对影像进行金字塔构建和图像切片。数据瓦片本身多为投影坐标系，在数字地球加载时，需进行"投影坐标→大地坐标→空间直角坐标"的一系列转换。

（1）高斯投影数据坐标转换。高斯投影的各投影带采用各自独立的平面坐标系。中央子午线和赤道的交点为坐标系原点。中央子午线为纵坐标轴 x，向北为正；赤道为横坐标轴 y，向东坐标增加。中央子午线的 y 坐标，规定为 500 000 m，在 y 值之前冠以带号。

（2）计算大地坐标系。若影像数据为 CGCS2000 下的高斯投影，则先将影像数据中的平面坐标 x、y 转换至大地坐标 B、L。采用如下公式：

$$B = B_f - \frac{y^2}{2M_f N_f} t_f \left[1 - \frac{y^2}{12N_f^2}(5 + n_f^2 + 3t_f^2 - 9n_f^2 t_f^2) + \frac{y^4}{360N_f^4}(61 + 90t_f^2 + 45t_f^4) \right] \quad (4.1)$$

$$L = L_0 + \frac{y}{N_f \cos B_f} \left[1 - \frac{y^2}{6N_f^2}(1 + n_f^2 + 2t_f^2) + \frac{y^4}{120N_f^4}(5 + 6n_f^2 + 28t_f^2 + 8n_f^2 t_f^2 + 245t_f^4) \right] \quad (4.2)$$

（3）计算直角坐标。得到影像点的大地坐标后，结合高程数据，根据大地坐标与直角坐标的变换关系，得到影像的空间直角坐标。

$$\begin{cases} X = (N + h)\cos B \cos L \\ Y = (N + h)\cos B \sin L \\ Z = [N(1 - e^2) + h]\sin B \end{cases} \quad (4.3)$$

（4）墨卡托投影数据坐标转换。墨卡托投影选定 L_0 处的子午线为纵坐标轴 x，向北为正；基准纬线为横坐标轴 y，向东为正。通常以西南图廓点为坐标系原点。

计算大地坐标：若影像数据为 CGCS2000 下的墨卡托投影，则大地经度的计算公式为 $L = L_0 + \dfrac{y}{r_0}$，其中 $r_0 = N_0 \cos B_0$，N_0 为基准纬度 B_0 处卯酉圈曲率半径；大地纬度按下式进行迭代计算：

$$\tan\left(\frac{\pi}{4} + \frac{B}{2}\right) = \exp\left(\frac{x}{r_0}\right)\left(\frac{1 - e\sin B}{1 + e\sin B}\right)^{-e/2} \quad (4.4)$$

B 的初始值取 $B_0 = 2\left\{ \tan^{-1}\left[\exp\left(\frac{x}{r_0}\right) \right] - \pi/4 \right\}$，迭代至相邻两次迭代得到的纬度之差的绝对值 $|B_i - B_{i-1}|$ 小于规定限差为止。

4.2.4 应用体系设计

"数字地球+"应用体系组织结构如图 4.5 所示，主要涉及三类用户：第一类用户是直接使用用户，如广大科研工作者、其他个体用户等，可直接通过互联网访问数字地球，或访问所嵌入信息系统中的数字地球，根据数字地球提供的服务进行操作使用；第二类用户是既是数据提供者，又是使用者，包括企业、政府部门等，基础类的数据根据各自负责的领域提供给平台，供组织共享，同时动态类的数据根据需要通过平台进行处理及展示等；第三类用户是主要基础数据的提供者，包括自然资源、气象海洋、测绘地理等领域相关部门，作为平台的主要应用单位，通过平台整合遥感、气象海洋、测绘地理等各种手段获取的基础类数据，通过数字地球系统向各类用户提供服务。此外，还存在运行维护保障单位，包括分布式的数据存储中心，物理分布、逻辑统一的数字地球服务后台支撑，分布在各单位组织的前端系统或 Web 页面等。

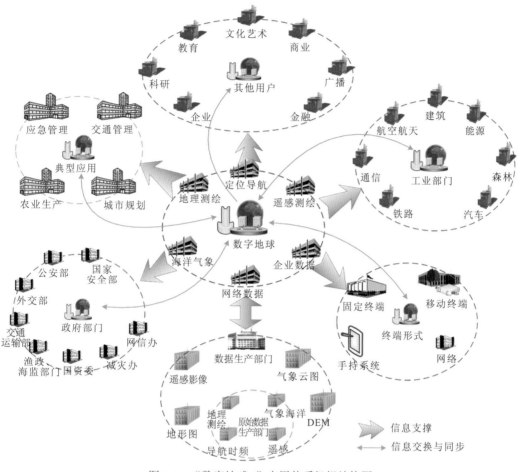

图 4.5 "数字地球+"应用体系组织结构图

为了提高效率及安全性，数字地球往往采用多中心、分布式部署，按照各自领域和方向提供数字地球服务。

4.2.5 标准体系设计

"数字地球+"总体上需遵循相关国家或行业标准，其标准体系包括了术语标准、空间基准标准、基础影像数据标准、重力场数据标准、磁力场数据标准、地名数据标准、导航数据标准、数字地图标准、地理信息通用标准、气象水文数据标准、数据质量控制标准和数据应用服务标准等，见表 4.1。

表 4.1　标准明细表

类别	标准名称	标准编号
术语标准	测绘基本术语	GB/T 14911—2008
	大地测量术语	GB/T 17159—2009
	地理信息　术语	GB/T 17694—2009
空间基准标准	地理格网	GB/T 12409—2009
	2000 中国大地测量系统	GJB 6304—2008
	地球空间网格编码规则	GB/T 40087—2021
基础影像数据标准	陆地观测卫星光学数据产品格式及要求	GB/T 38198—2019
	遥感卫星快视数据格式规范	GB/T 36300—2018
	光学遥感测绘卫星影像产品元数据	GB/T 35643—2017
	基础地理信息数字成果 1:5 000 1:10 000 1:25 000 1:50 000 1:100 000 数字正射影像图	CH/T 9009.3—2010
基础框架数据标准	国家重力控制测量规范	GB/T 20256—2019
	地名分类与类别代码编制规则	GB/T 18521—2001
	全球地名库代码编制标准规范	CH/T QQD30—2015
	导航地理数据模型与交换格式	GB/T 19711—2005
	导航电子地图安全处理技术基本要求	GB/T 20263—2006
	实景地图数据产品	GB/T 35628—2017
	地理信息　数据产品规范	GB/T 25528—2010
气象海洋数据标准	短期天气预报	GB/T 21984—2017
	中期天气预报	GB/T 27956—2011
	热带气旋命名	GB/T 19202—2017
	临近天气预报	GB/T 28594—2012
数据应用服务标准	瓦片地图服务	GB/T 35652—2017
	地理空间数据交换格式	GB/T 17798—2007

（1）术语标准：针对地理信息、气象、数字地图等数据方面相关的术语进行规定的标准。

（2）空间基准标准：针对数字地球所涉及的一维、二维和三维等多种坐标参考系及相互之间转换关系等进行规定的标准。

（3）基础影像数据标准：针对数字地球所涉及的基础影像数据进行规定的标准，基础影像数据包括遥感影像数据，如多光谱、红外、可见光、SAR 等，以及视频数据。

（4）基础框架数据标准：针对数字地球所涉及的基础框架数据进行规定的标准，基础框架数据包括数字正射影像数据、数字高程模型数据、数字地形图数据、图像控制点数据、重力场数据、磁力场数据、地名数据、导航电子地图数据、三维模型数据等。

（5）气象海洋数据标准：针对数字地球所涉及的气象海洋数据进行规定的标准，气象海洋数据包括气象站点实况数据、气象站点预报数据、卫星遥感云图数据、热带气旋数据和数值预报数据等。

（6）数据质量控制标准：针对数字地球所涉及的数据分级分类、通用元数据、数据组织管理与使用要求、数据编目方法、数据存储格式、数据存储规范、数据产品存储条件等数据质量管理工作进行规定的标准。

（7）数据应用服务标准：针对数字地球所涉及的数据交换、数据应用服务、数据可视化等方面等进行规定的标准。

4.3 数据体系设计及实现

数字地球可承载的数据类型丰富多样，其数据体系如图 4.6 所示。数字地球数据体系主要包含全球基础框架数据、全球基础影像数据、全球气象水文数据。

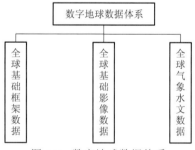

图 4.6 数字地球数据体系

4.3.1 全球基础框架数据

全球基础框架数据是数字地球信息框架的基准和基础，如图 4.7 所示，其作为统一空间定位框架和空间分析的基础数据，包括影像控制点数据、数字正射影像数据、数字高程模型数据、矢量地形框架数据、重力场数据、磁力场数据、地名数据、导航电子地图数据和实景影像数据（王喜春 等，2014）。全球基础框架数据主要描述地球表面控制点、地形地貌、河流、土壤等自然要素和交通、行政区、房屋设施等社会要素的位置、形态、属性及地球物理信息，是构成地理环境、模拟真实地球的基础。

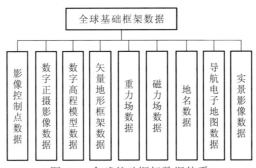

图 4.7 全球基础框架数据体系

1. 影像控制点数据

影像控制点又称为控制点影像,是对遥感影像进行各种几何纠正和地理定位的重要数据源,全球基础框架数据中的影像控制点数量、质量和分布等指标直接影响影像纠正和影像定位的精确性和可靠性,是维持全球框架数据体系精度的重要组成部分(刘善伟,2008)。

影像控制点数据主要包括元数据、影像控制点切片、影像控制点缩略图、影像控制点描述文件(李冰 等,2018)。其中,影像控制点切片文件主要以 tiff 格式存储;影像控制点缩略图文件主要以 bmp 格式存储;控制点描述文件是对影像控制点信息进行说明,包括点名、平面坐标、所在行政区划、所在图幅编号、点类型、点来源等信息,格式为文本格式,具体内容及格式见表 4.2。

表 4.2 影像控制点描述文件具体内容及格式

序号	数据项	数据类型
1	点名	字符型
2	点号	整型
3	所在图幅编号	字符型
4	所在行政区划	字符型
5	大地坐标经度值	字符型
6	大地坐标纬度值	字符型
7	地心坐标 X	双精度浮点型
8	地心坐标 Y	双精度浮点型
9	地心坐标 Z	双精度浮点型
10	点类型	字符型
11	点来源	字符型
12	大地坐标经度值	双精度浮点型
13	大地坐标纬度值	双精度浮点型
14	高程值	双精度浮点型
15	大地基准	字符型
16	高程基准	字符型

影像控制点数据元素见表 4.3。

表 4.3　影像控制点数据元素

序号	数据元素名称	数据类型	标注方式
1	产品名称	字符型	产品的名称
2	像片控制点类型	字符型	像片控制点类型
3	像片控制点编号	字符型	像片控制点编号
4	原像片控制测量生产编号	字符型	原像片控制测量生产编号
5	测区名称	字符型	测区名称
6	像片控制点生产方法	字符型	像片控制点生产方法
7	测量仪器类型	字符型	测量仪器类型
8	测量仪器号	字符型	测量仪器号
9	成图比例尺	字符型	成图比例尺
10	平面精度	数值型	平面精度
11	高程精度	数值型	高程精度
12	大地坐标系	字符型	参照图式标准名称及编号
13	高程基准	字符型	参照数据格式标准名称及编号
14	大地坐标经度值	数值型	单位为度.分秒；如 110.0730 表示 110 度 7 分 30 秒
15	大地坐标纬度值	数值型	单位为度.分秒；如 110.0730 表示 110 度 7 分 30 秒
16	大地高	数值型	单位为米
17	高斯纵坐标	数值型	单位为米
18	高斯横坐标	数值型	单位为米
19	正常高	数值型	单位为米
20	高斯投影分带	数值型	单位为带；如 109°39′～117°12′用六度带表示有两个带号，分别为 19 和 20
21	测量单位	字符型	单位为像元
22	测量时间	日期型	格式为 YYYYMMDD
23	观测者	字符型	观测者的姓名或代号
24	检查者	字符型	检查者的姓名或代号
25	原始影像类型	数值型	文件格式为 GeoTIFF、NITF、JPEG 2000、ECW、MrSID、HDF 和 NetCDF 等
26	原始影像摄影时间	日期型	格式为 YYYYMMDD
27	原始影像分辨率	数值型	单位为米
28	原始影像片景号	数值型	原始影像片（景）号
29	局部图像有无	字符型	局部图像有无
30	位置略图有无	字符型	位置略图有无
31	实地照片数量	数值型	实地照片数量
32	点位说明	字符型	点位说明
33	特殊说明	字符型	特殊说明

2. 数字正射影像数据

数字正射影像是指按地形图范围裁切后的垂直投影影像数据，兼具影像特征和几何精度。数字正射影像信息丰富、成像精度高且逼真，可用来对相关影像、数据进行快速几何纠正，也可作为地图分析背景信息，不同行业用户也可从中提取感兴趣的位置和特征信息，是全球基准框架数据重要的组成部分。

数字正射影像数据包括元数据、浏览图、缩略图、实体数据。

数据规格：①数据格式，附带 TFW 定位文件的 tiff 格式；②数据命名规则，数据以图幅号命名，元数据的命名与图幅的命名保持一致，例如，产品实体数据名称为 10-50-5-B_dom.tiff，则元数据名称为 10-50-5-B_dom.xml；③云覆盖不超过 10%；④不同区域基础影像色调需进行匀色处理。

数字正射影像数据元素见表 4.4。

表 4.4 数字正射影像数据元素

序号	数据元素名称	数据类型	标注方式
1	产品名称	字符型	产品的名称
2	图名	字符型	图名
3	图号	字符型	如 F-50-[12] 表示成 065012；缺省为 NULL
4	比例尺分母	数值型	比例尺分母
5	产品简要说明	字符型	简要说明该产品使用的原始资料、生产方法、要素层等
6	产品生产日期	日期型	格式为 YYYYMM
7	产品更新日期	日期型	格式为 YYYYMM；缺省为 NULL
8	产品所有权单位	字符型	产品所有权单位
9	产品生产单位	字符型	产品生产单位
10	数据量	数值型	单位为 MB
11	数据格式	字符型	数据格式
12	坐标形式	字符型	坐标形式
13	正射影像地面分辨率	数值型	正射影像地面分辨率
14	图像色彩	字符型	图像色彩
15	图廓角点经度范围	字符型	图廓角点经度范围
16	图廓角点纬度范围	字符型	图廓角点纬度范围
17	影像外扩范围	字符型	影像外扩范围
18	参照规范名称编号	字符型	参照规范名称编号
19	大地基准	字符型	1954 北京坐标系、1980 西安坐标系、独立坐标系、地心坐标系等
20	高程基准	字符型	1956 年黄海高程系、1985 国家高程基准、独立高程基准等
21	地图投影名称	字符型	无投影、高斯-克吕格、等角圆锥、墨卡托、方位等

序号	数据元素名称	数据类型	标注方式
22	中央经线	数值型	单位为度；缺省为-32 767.0
23	分带方式	字符型	3度带、6度带、4度带、8度带、不分带
24	高斯投影带号	数值型	缺省为-32 767
25	原始影像数据类别	字符型	原始影像数据类别
26	纠正控制点来源	字符型	纠正控制点来源
27	正射影像纠正设备及软件	字符型	正射影像纠正设备及软件
28	正射影像纠正方法	字符型	正射影像纠正方法
29	DEM 类型	字符型	格网、三角网
30	所用规则 DEM 格网间距	字符型	所用规则 DEM 格网间距
31	原始影像像元地面分辨率	数值型	原始影像像元地面分辨率
32	原始影像获取日期	日期型	原始影像获取日期
33	原始影像色彩	字符型	原始影像色彩
34	原始影像波段选择	字符型	原始影像波段选择
35	西边接边情况	字符型	已接、未接、不接
36	北边接边情况	字符型	已接、未接、不接
37	东边接边情况	字符型	已接、未接、不接
38	南边接边情况	字符型	已接、未接、不接
39	平面位置中误差	字符型	由图幅内检查点统计得出；单位为米
40	接边质量评价	字符型	合格、不合格
41	数据质量总评价	字符型	合格、不合格
42	数据质量评检单位	字符型	数据质量评检单位
43	数据质量评检日期	日期型	数据质量评检日期
44	更新影像数据类别	字符型	更新影像数据类别
45	更新影像比例尺分母	数值型	更新影像比例尺分母
46	更新影像的获取日期	日期型	更新影像的获取日期
47	更新影像像元地面分辨率	数值型	缺省为-32 767.0
48	更新影像色彩	字符型	缺省为 NULL
49	更新区域正射影像纠正方法	字符型	更新区域正射影像纠正方法
50	更新区域平面位置中误差	数值型	更新区域平面位置中误差
51	更新区域接边情况	字符型	更新区域接边情况

3. 数字高程模型数据

数字高程模型（DEM）是一种用于表示地表高度数据的数字模型。它通常是由一组数字高度数据点组成的网格或栅格，每个数据点代表一个地表高度。数字高程模型数据是建立区域地形模型、地形分析、工程计算、宏观规划和科学研究的基础地形数据。数字高程模型根据产品中高程信息的采样间距、精度等信息进行划分。

数字高程模型数据元素见表 4.5。

表 4.5 数字高程模型数据元素

序号	数据元素名称	数据类型	标注方式
1	产品名称	字符型	产品的名称
2	产品代号	字符型	产品的代号
3	图名	字符型	图名
4	图号	字符型	如 F-50-[12]表示为 065012；缺省为 NULL
5	比例尺分母	数值型	缺省为 NULL
6	产品简要说明	字符型	简要说明产品使用的原始资料、生产方法
7	产品所有权单位	字符型	产品所有权单位
8	产品出版单位	字符型	产品出版单位
9	产品生产单位	字符型	产品生产单位
10	产品生产日期	日期型	格式为 YYMMDD，缺省：NULL
11	产品更新日期	日期型	格式为 YYMMDD，缺省：NULL
12	参照数据格式标准名称编号及编号	字符型	参照数据格式标准名称编号及编号
13	元数据标准名称及编号	字符型	元数据标准名称级编号
14	元数据采用的汉字字符集编码标准号	字符型	如 GB 2312
15	数据量	数值型	单位为 MB
16	DEM 类型	字符型	格网、三角网
17	高程坐标单位	字符型	单位为米
18	格网单元宽	数值型	格网单元宽
19	格网单元高	数值型	格网单元高
20	格网单元尺寸	数值型	格网单元尺寸
21	格网行数	数值型	格网行数
22	格网列数	数值型	格网列数
23	高程记录的小数点位数	数值型	高程记录的小数点位数
24	西南图廓角点经度坐标	数值型	格式为 DD.MMSS；DD 表示度，MM 表示分，SS 表示秒
25	西南图廓角点纬度坐标	数值型	格式为 DD.MMSS；DD 表示度，MM 表示分，SS 表示秒

序号	数据元素名称	数据类型	标注方式
26	东南图廓角点经度坐标	数值型	格式为 DD.MMSS；DD 表示度，MM 表示分，SS 表示秒
27	东南图廓角点纬度坐标	数值型	格式为 DD.MMSS；DD 表示度，MM 表示分，SS 表示秒
28	东北图廓角点经度坐标	数值型	格式为 DD.MMSS；DD 表示度，MM 表示分，SS 表示秒
29	东北图廓角点纬度坐标	数值型	格式为 DD.MMSS；DD 表示度，MM 表示分，SS 表示秒
30	西北图廓角点经度坐标	数值型	格式为 DD.MMSS；DD 表示度，MM 表示分，SS 表示秒
31	西北图廓角点纬度坐标	数值型	格式为 DD.MMSS；DD 表示度，MM 表示分，SS 表示秒
32	西南图廓角点横坐标	数值型	单位为米
33	西南图廓角点纵坐标	数值型	单位为米
34	东南图廓角点横坐标	数值型	单位为米
35	东南图廓角点纵坐标	数值型	单位为米
36	东北图廓角点横坐标	数值型	单位为米
37	东北图廓角点纵坐标	数值型	单位为米
38	西北图廓角点横坐标	数值型	单位为米
39	西北图廓角点纵坐标	数值型	单位为米
40	图幅接合表西北图幅名称	字符型	缺省为 NULL
41	图幅接合表北图幅名称	字符型	缺省为 NULL
42	图幅接合表东北图幅名称	字符型	缺省为 NULL
43	图幅接合表西图幅名称	字符型	缺省为 NULL
44	图幅接合表东图幅名称	字符型	缺省为 NULL
45	图幅接合表西南图幅名称	字符型	缺省为 NULL
46	图幅接合表南图幅名称	字符型	缺省为 NULL
47	图幅接合表东南图幅名称	字符型	缺省为 NULL
48	椭球扁率分母	数值型	椭球扁率分母
49	大地基准	字符型	大地基准
50	地图投影名称	字符型	地图投影名称
51	中央经线	数值型	单位为度，缺省为-32 767
52	标准纬线 1	数值型	单位为度，缺省为-32 767
53	标准纬线 2	数值型	单位为度，缺省为-32 767
54	分带方式	字符型	分带方式

序号	数据元素名称	数据类型	标注方式
55	高斯投影带号	数值型	高斯投影带号
56	坐标单位	字符型	坐标单位
57	坐标维数	数值型	坐标维数
58	坐标放大系数	数值型	坐标放大系数
59	图幅左下角点横坐标偏移量	数值型	图幅左下角点横坐标偏移量
60	图幅左下角点纵坐标偏移量	数值型	图幅左下角点纵坐标偏移量
61	磁偏角	数值型	磁偏角
62	磁坐偏角	数值型	磁坐偏角
63	坐标纵线偏角	数值型	坐标纵线偏角
64	高程系统	字符型	高程系统
65	高程基准	字符型	高程基准
66	深度基准	字符型	深度基准
67	主要资料源	字符型	
68	航摄比例尺分母	数值型	航摄比例尺分母
69	航摄仪焦距	数值型	航摄仪焦距
70	航摄单位	字符型	航摄单位
71	航摄日期	日期型	格式为 YYMMDD,缺省为 NULL
72	调绘日期	日期型	格式为 YYMMDD,缺省为 NULL
73	摄区号	数值型	摄区号
74	影像地面分辨率	数值型	影像地面分辨率
75	数据来源	字符型	数据来源
76	数据采集方法	字符型	数据采集方法
77	数据采集仪器	字符型	数据采集仪器
78	高程内插方法	字符型	高程内插方法
79	原图图名	字符型	原图图名
80	原图图号	字符型	原图图号
81	原图比例尺分母	数值型	原图比例尺分母
82	原图等高距	数值型	原图等高距
83	原图大地基准	字符型	原图大地基准

序号	数据元素名称	数据类型	标注方式
84	原图地图投影名称	字符型	原图地图投影名称
85	原图中央经线	数值型	原图中央经线
86	原图标准纬线 1	数值型	原图标准纬线 1
87	原图标准纬线 2	数值型	原图标准纬线 2
88	原图分带方式	字符型	原图分带方式
89	原图坐标单位	字符型	原图坐标单位
90	原图高程系统名	字符型	原图高程系统名
91	原图高程基准	字符型	原图高程基准
92	原图深度基准	字符型	原图深度基准
93	原图西南图廓角点经度坐标	数值型	格式为 DD.MMSS；DD 表示度，MM 表示分，SS 表示秒
94	原图西南图廓角点纬度坐标	数值型	格式为 DD.MMSS；DD 表示度，MM 表示分，SS 表示秒
95	原图东南图廓角点经度坐标	数值型	格式为 DD.MMSS；DD 表示度，MM 表示分，SS 表示秒
96	原图东南图廓角点纬度坐标	数值型	格式为 DD.MMSS；DD 表示度，MM 表示分，SS 表示秒
97	原图东北图廓角点经度坐标	数值型	格式为 DD.MMSS；DD 表示度，MM 表示分，SS 表示秒
98	原图东北图廓角点纬度坐标	数值型	格式为 DD.MMSS；DD 表示度，MM 表示分，SS 表示秒
99	原图西北图廓角点经度坐标	数值型	格式为 DD.MMSS；DD 表示度，MM 表示分，SS 表示秒
100	原图西北图廓角点纬度坐标	数值型	格式为 DD.MMSS；DD 表示度，MM 表示分，SS 表示秒
101	原图出版单位	字符型	原图出版单位
102	原图出版日期	日期型	格式为 YYMMDD，缺省为 NULL
103	原图图式版本号	数值型	原图图式版本号
104	西边接边状况	字符型	西边接边状况
105	北边接边状况	字符型	北边接边状况
106	东边接边状况	字符型	东边接边状况
107	南边接边状况	字符型	南边接边状况
108	高程中误差	数值型	高程中误差
109	图幅形式	字符型	图幅形式
110	接边质量评价	字符型	接边质量评价
111	数据质量评检单位	字符型	数据质量评检单位
112	数据质量评检日期	日期型	格式为 YYMMDD，缺省为 NULL

序号	数据元素名称	数据类型	标注方式
113	数据质量总评价	枚举型	数据质量总评价
114	更新资料源	字符型	更新资料源
115	更新数据方法	字符型	更新数据方法
116	更新数据仪器	字符型	更新数据仪器
117	更新数据单位	字符型	更新数据单位
118	更新日期	日期型	更新日期型
119	航摄比例尺分母或卫星	数值型	航摄比例尺分母或卫星
120	影像分辨率	数值型	影像分辨率
121	航摄仪焦距	数值型	航摄仪焦距
122	航摄日期	日期型	格式为 YYMMDD，缺省为 NULL
123	调绘日期	日期型	格式为 YYMMDD，缺省为 NULL
124	更新摄区号	字符型	更新摄区号
125	更新图像色彩	字符型	更新图像色彩

4. 矢量地形框架数据

矢量地形框架（vector terrain framework，VTF）数据是一种用于表示地形数据的矢量数据格式。它将地形数据表示为点、线和多边形等基本几何图形的集合，以及这些图形的属性信息。点要素是矢量地形框架数据中最基本的元素，用于表示地图上的单个点及相应的属性值；线要素是由一系列相连的点构成的线段，用于表示地图上的道路、河流、铁路等线性要素；面要素是由一组相邻的线段围成的封闭区域，用于表示地图上的湖泊、森林、建筑物等面状要素。矢量地形框架数据作为全球基础框架支撑数据，可用于数据可视化表达、专题制图等。

矢量地形框架数据包括元数据、实体数据。数据格式主要为 shp。矢量地形框架数据元素见表 4.6。

表 4.6 矢量地形框架数据元素

序号	数据元素名称	数据类型	标注方式
1	产品名称	字符型	产品的名称
2	产品代号	字符型	产品的代号
3	图名	字符型	图名
4	图号	字符型	如 F-50-[12]表示为 065012；缺省为 NULL
5	地理区域	字符型	所在的地理区域

序号	数据元素名称	数据类型	标注方式
6	比例尺分母	数值型	比例尺分母
7	产品简要说明	字符型	简要说明该产品使用的原始资料、生产方法、要素层等
8	产品所有权单位名称	字符型	产品所有权单位名称
9	产品出版单位名称	字符型	产品出版单位名称
10	产品生产单位名称	字符型	产品生产单位名称
11	产品生产日期	日期型	格式为 YYYYMM
12	产品更新日期	日期型	格式为 YYYYMM；缺省为 NULL
13	参照图式标准名称及编号	字符型	参照图式标准名称及编号
14	参照要素分类编码标准名称及编号	字符型	参照要素分类编码标准名称及编号
15	参照数据格式标准名称及编号	字符型	参照数据格式标准名称及编号
16	元数据标准名称及编号	字符型	元数据标准名称及编号
17	元数据采用的汉字字符集编码标准号	字符型	如 GB2312
18	总层数	数值型	
19	层名	字符型	多个层名用"、"隔开
20	数据量	数值型	单位为兆字节（MB），可保留小数后一位
21	等高距	字符型	单位为米；如果为变距等高距，用"、"隔开
22	等深线	字符型	单位为米；如果为变距等深线，用"、"隔开
23	西南图廓角点经度坐标	数值型	单位为度.分秒；如 110.0730 表示 110 度 7 分 30 秒
24	西南图廓角点纬度坐标	数值型	单位为度.分秒；如 45.1000 表示 45 度 10 分 0 秒
25	东南图廓角点经度坐标	数值型	单位为度.分秒；如 110.1500 表示 110 度 15 分 0 秒
26	东南图廓角点纬度坐标	数值型	单位为度.分秒；如 45.1000 表示 45 度 10 分 0 秒
27	东北图廓角点经度坐标	数值型	单位为度.分秒；如 110.1500 表示 110 度 15 分 0 秒
28	东北图廓角点纬度坐标	数值型	单位为度.分秒；如 45.1500 表示 45 度 15 分 0 秒
29	西北图廓角点经度坐标	数值型	单位为度.分秒；如 110.0730 表示 110 度 7 分 30 秒
30	西北图廓角点纬度坐标	数值型	单位为度.分秒；如 45.1500 表示 45 度 15 分 0 秒
31	西南图廓角点横坐标	数值型	单位为米
32	西南图廓角点纵坐标	数值型	单位为米
33	东南图廓角点横坐标	数值型	单位为米
34	东南图廓角点纵坐标	数值型	单位为米

序号	数据元素名称	数据类型	标注方式
35	东北图廓角点横坐标	数值型	单位为米
36	东北图廓角点纵坐标	数值型	单位为米
37	西北图廓角点横坐标	数值型	单位为米
38	西北图廓角点纵坐标	数值型	单位为米
39	图幅接合表西北图幅名称	字符型	缺省为 NULL
40	图幅接合表北图幅名称	字符型	缺省为 NULL
41	图幅接合表东北图幅名称	字符型	缺省为 NULL
42	图幅接合表西图幅名称	字符型	缺省为 NULL
43	图幅接合表东图幅名称	字符型	缺省为 NULL
44	图幅接合表西南图幅名称	字符型	缺省为 NULL
45	图幅接合表南图幅名称	字符型	缺省为 NULL
46	图幅接合表东南图幅名称	字符型	缺省为 NULL
47	政区说明	字符型	缺省为 NULL
48	地磁信息	字符型	缺省为 NULL　航空图需要填写
49	图外附注	字符型	缺省为 NULL
50	椭球长半径	数值型	单位为米；缺省为-32 767
51	椭球扁率分母	数值型	如 298.257；缺省为-32 767
52	大地基准	字符型	1954 北京坐标系、1980 西安坐标系、独立坐标系、地心坐标系等
53	地图投影名称	字符型	无投影、高斯-克吕格投影、等角圆锥投影、墨卡托投影、方位投影等
54	中央经线	数值型	单位为度；缺省为-32 767
55	标准纬线 1	数值型	单位为度；缺省为-32 767
56	标准纬线 2	数值型	单位为度；缺省为-32 767
57	分带方式	字符型	3 度带、6 度带、4 度带、8 度带、不分带
58	高斯投影带号	数值型	缺省为-32 767
59	坐标单位	字符型	度；秒；米
60	坐标维数	数值型	2 为二维；　3 为三维
61	坐标放大系数	数值型	
62	图幅左下角点横坐标偏移量	数值型	几何数据起始点横坐标偏移量；单位为米

序号	数据元素名称	数据类型	标注方式
63	图幅左下角点纵坐标偏移量	数值型	几何数据起始点纵坐标偏移量；单位为米
64	磁偏角	数值型	小数点前为度，小数点后为分；缺省为-32 767
65	磁坐偏角	数值型	小数点前为度，小数点后为分；缺省为-32 767
66	坐标纵线偏角	数值型	小数点前为度，小数点后为分；缺省为-32 767
67	高程系统	字符型	正常高、大地高
68	高程基准	字符型	1956 黄海高程系统、1985 国家高程基准、独立高程基准等
69	深度基准	字符型	理论最低潮面、略最低低潮面、设计水位、航行基准面、平均海面最低天文潮面等
70	主要资料源	字符型	航片、原始地图、遥感影像、野外测量数据等，多个资料源用"、"隔开
71	航摄比例尺分母	数值型	缺省为-32 767
72	航摄仪焦距	数值型	单位为毫米；缺省为-32 767.0
73	航摄单位	字符型	缺省为 NULL
74	航摄日期	日期型	格式为 YYYYMM；缺省为 NULL
75	调绘日期	日期型	格式为 YYYYMM；缺省为 NULL
76	摄区号	字符型	缺省为 NULL
77	影像地面分辨率	数值型	单位为米；缺省为-32 767.0
78	数据来源	字符型	原生数据、派生数据等
79	数据采集方法	字符型	原图数字化、摄影测量、野外测量等
80	数据采集仪器	字符型	手扶数字化仪、扫描仪、解析测图仪、数字摄影测量系统、野外测量等
81	原图图名	字符型	原图图名
82	原图图号	字符型	原图图号
83	原图比例尺分母	数值型	原图比例尺分母
84	原图等高距	字符型	单位为米；如果为变距等高距，用"、"隔开
85	原图等深线	字符型	单位为米；如果为变距等深线，用"、"隔开
86	原图大地基准	字符型	1954 北京坐标系、1980 西安坐标系、独立坐标系、地心坐标系等
87	原图地图投影名称	字符型	无投影、高斯-克吕格投影、等角圆锥投影、墨卡托投影、方位投影等
88	原图中央经线	数值型	单位为度；缺省为-32 767.0

序号	数据元素名称	数据类型	标注方式
89	原图标准纬线 1	数值型	单位为度；缺省为-32 767.0
90	原图标准纬线 2	数值型	单位为度；缺省为-32 767.0
91	原图分带方式	字符型	3 度带、6 度带、4 度带、8 度带、不分带
92	原图坐标单位	字符型	度；秒；米
93	原图高程系统名	字符型	正常高、大地高
94	原图高程基准	字符型	1956 黄海高程系统、1985 国家高程基准、独立高程基准等
95	原图深度基准	字符型	理论最低潮面、略最低低潮面、设计水位、航行基准面、平均海面最低天文潮面等
96	原图西南图廓角点经度坐标	数值型	单位为度.分秒；如 110.0730 表示 110 度 7 分 30 秒
97	原图西南图廓角点纬度坐标	数值型	单位为度.分秒；如 45.1000 表示 45 度 10 分 0 秒
98	原图东南图廓角点经度坐标	数值型	单位为度.分秒；如 110.1500 表示 110 度 15 分 0 秒
99	原图东南图廓角点纬度坐标	数值型	单位为度.分秒；如 45.1000 表示 45 度 10 分 0 秒
100	原图东北图廓角点经度坐标	数值型	单位为度.分秒；如 110.1500 表示 110 度 15 分 0 秒
101	原图东北图廓角点纬度坐标	数值型	单位为度.分秒；如 45.1500 表示 45 度 15 分 0 秒
102	原图西北图廓角点经度坐标	数值型	单位为度.分秒；如 110.0730 表示 110 度 7 分 30 秒
103	原图西北图廓角点纬度坐标	数值型	单位为度.分秒；如 45.1500 表示 45 度 15 分 0 秒
104	原图出版单位	字符型	
105	原图出版日期	日期型	格式为 YYYYMM；缺省为 NULL
106	原图图式版本号及名称	字符型	缺省为 NULL
107	西边接边状况	字符型	已接、未接、不接
108	北边接边状况	字符型	已接、未接、不接
109	东边接边状况	字符型	已接、未接、不接
110	南边接边状况	字符型	已接、未接、不接
111	平面位置中误差	数值型	由图幅内检查点统计得出；单位为米
112	高程中误差	数值型	单位为米
113	属性精度	字符型	符合要求、不符合要求
114	逻辑一致性	字符型	一致、不一致
115	图幅形式	字符型	满幅、合幅、不满幅、4 开等及其他
116	接边质量评价	字符型	合格、不合格

序号	数据元素名称	数据类型	标注方式
117	数据质量检验单位	字符型	数据质量检验单位
118	数据质量评检日期	日期型	格式为 YYYYMMDD
119	质量总分	字符型	
120	数据质量总评价	字符型	合格、不合格
121	更新总层数	数值型	
122	更新层名	字符型	多个层用"、"隔开,缺省为 NULL
123	更新资料源	字符型	航片、原始地图、卫星影像、遥感影像、野外测量数据等;多个资料源用"、"隔开,缺省为 NULL
124	更新数据方法	字符型	原图数字化、摄影测量、野外测量、GPS 设备采集等;多个方法用"、"隔开,缺省为 NULL
125	更新数据仪器	字符型	手扶数字化仪、扫描仪、解析测图仪、数字摄影测量系统、野外测量、GPS 设备等;多个仪器用"、"隔开,缺省为 NULL
126	更新数据单位	字符型	多个单位用"、"隔开,缺省为 NULL
127	更新日期	日期型	格式为 YYYYMM,缺省为 NULL
128	更新卫星影像分辨率	数值型	缺省为-32 767
129	更新航摄比例尺分母	数值型	缺省为-32 767
130	更新航摄仪焦距	数值型	单位为毫米;缺省为-32 767
131	更新航摄日期	日期型	格式为 YYYYMM;缺省为 NULL
132	更新调绘日期	日期型	格式为 YYYYMM;缺省为 NULL
133	更新摄区号	字符型	缺省为 NULL
134	更新图像色彩	字符型	缺省为 NULL
135	GPS 设备类型	字符型	缺省为 NULL
136	定位精度	字符型	缺省为 NULL

5. 重力场数据

重力场数据是地球基本物理场信息,用于高程基准实现等任务的基础地理信息,包含地面格网平均重力异常、大地水准面、垂线偏差、全球重力场模型等数据。全球基础框架数据的陆地区域重力场通常采用 EGM2008、EIGEN-6C4 等超高阶重力场模型,海洋区域重力场主要采用 DTU13、DTU15 系列测高重力场模型。

全球高精度重力场数据主要包括全球重力场模型、全球网格重力异常、全球网格高程异常、全球网格垂线偏差。数据规格如下。

（1）重力场模型概况数据。重力场模型概况数据文件采用纯文本格式，扩展名为.txt，描述重力场模型基本信息和使用参数情况，数据记录内容见表4.7。

表 4.7　重力场模型概况数据表

序号	数据项名称	数据类型	说明
1	模型	字符型	模型名称
2	模型阶数	整型	模型的阶数
3	a	双精度浮点型	模型采用椭球的长半径，单位为 m
4	f^{-1}	双精度浮点型	模型采用椭球的扁率倒数
5	C_{20}	双精度浮点型	模型相应正常化二阶带谐系数，单位为 10^{-6}
6	GM	双精度浮点型	模型采用地心引力常数，单位为 $10^8\,\mathrm{m}^3/\mathrm{s}^2$
7	说明	字符型	对模型的有关说明

（2）重力场模型数据。重力场模型数据文件采用纯文本格式，扩展名为.txt。每行一个记录，数据记录内容见表4.8。

表 4.8　重力场模型数据表

序号	数据项名称	数据类型	说明
1	阶 n	整型	模型阶 n
2	次 m	整型	模型次 m
3	C	双精度浮点型	位系数 nm
4	S	双精度浮点型	位系数 nm

（3）格网重力异常数据。格网重力异常数据文件采用纯文本格式，扩展名为.txt。每行一个记录，数据记录内容见表4.9。

表 4.9　格网重力异常数据表

序号	数据项名称	数据类型	说明
1	格网中心纬度	双精度浮点型	单位为度.分秒
2	格网中心经度	双精度浮点型	单位为度.分秒
3	格网大小	双精度浮点型	单位为秒
4	空间重力异常	双精度浮点型	单位为 mGal

（4）格网高程异常数据。格网高程异常数据文件采用纯文本格式，扩展名为.txt。每行一个记录，数据记录内容见表4.10。

表 4.10　格网高程异常数据表

序号	数据项名称	数据类型	说明
1	格网中心纬度	双精度浮点型	单位为度.分秒
2	格网中心经度	双精度浮点型	单位为度.分秒
3	格网大小	双精度浮点型	单位为秒
4	高程异常	双精度浮点型	单位为 m

（5）格网垂线偏差数据。格网垂线偏差数据文件采用纯文本格式，扩展名为.txt。每行一个记录，数据记录内容见表 4.11。

表 4.11　格网垂线偏差数据表

序号	数据项名称	数据类型	说明
1	格网中心纬度	双精度浮点型	单位为度.分秒
2	格网中心经度	双精度浮点型	单位为度.分秒
3	格网大小	双精度浮点型	单位为秒
4	垂线偏差子午分量	双精度浮点型	单位为秒
5	垂线偏差卯酉分量	双精度浮点型	单位为秒

重力场数据元素见表 4.12。

表 4.12　重力场数据元素

序号	数据元素名称	域值类型	数据类型	标注方式
1	数据类型	001:MOD 002:GAN 003:HAN 004:VDE 005:VDN	枚举型	重力场数据类型
2	数据格式	自由文本	字符型	重力数据格式
3	模型数据来源	自由文本	字符型	重力场模型数据的来源
4	模型名称	自由文本	字符型	重力场模型名称
5	模型摘要	自由文本	字符型	重力场模型摘要
6	模型阶数	>0	1.1.1.1......型	重力场模型阶数
7	模型次数	>0	1.1.2........型	重力场模型次数
8	参考椭球	001:WGS-84 002:GRS80 003:GRIM5 004:CGCS2000 005:EGM2008 可扩展	枚举型	重力场模型所采用的参考椭球

序号	数据元素名称	域值类型	数据类型	标注方式
9	地球平均半径	>0	浮点型	地球平均半径
10	模型扁率倒数	>0	浮点型	参考椭球扁率的倒数
11	正常化的二阶带谐系数	—	浮点型	正常化的二阶带谐系数
12	地心引力常量	>0	浮点型	地球引力常量
13	规格化	自由文本	字符型	规格化状态
14	估计误差	自由文本	字符型	估计误差类型
15	格网文件名	自由文本	字符型	格网文件的文件名
16	格网数据摘要	自由文本	字符型	格网文件摘要介绍
17	格网数据源	自由文本	字符型	格网数据来源
18	重力系统	自由文本	字符型	重力系统
19	高程系统	自由文本	字符型	高程系统
20	潮汐系统	0:zero tide 1:free tide 2:mean tide	枚举型	潮汐系统
21	坐标系统	01:WGS-84 02:CGCS2000 可扩充	枚举型	坐标系统
22	区域描述	自由文本	字符型	数据覆盖区域描述
23	西北角经度	−180～180	浮点型	西北角坐标经度，单位为度.分秒
24	西北角纬度	−90～90	浮点型	西北角坐标纬度，单位为度.分秒
25	东南角经度	−180～180	浮点型	东南角坐标经度，单位为度.分秒
26	东南角纬度	−90～90	浮点型	东南角坐标纬度，单位为度.分秒
27	东西方向分辨率	>0	浮点型	东西方向格网分辨率，单位为度.分秒
28	南北方向分辨率	>0	浮点型	南北方向格网分辨率，单位为度.分秒
29	大地高	>0	浮点型	大地高，单位为米
30	数值单位	01:N/A 02:mGal 03:m 04:arcsecs 可扩充	枚举型	重力异常，单位为毫伽 高程异常，单位为米 高程异常，单位为米

序号	数据元素名称	域值类型	数据类型	标注方式
31	所有权单位	自由文本	字符串	数据产品所有权单位
32	发布单位	自由文本	字符串	数据产品发布的单位
33	生产单位	自由文本	字符串	数据产品生产单位
34	生产日期	YYYYMMDDHHMMSS 格式	日期型	数据产品的生产日期
35	产品更新日期	YYYYMMDDHHMMSS 格式	日期型	数据产品的更新日期
36	元数据采用的汉字字符集编码标准号	自由文本	字符串	执行的汉字字符集编码标准（包括专用标准）编号
37	格网点数	>0	1.1.3.........型	数据格网点数据量
38	格网行数	>0	1.1.4.........型	格网数据行数
39	格网列数	>0	1.1.5.........型	格网数据列数
40	数据采集方法	自由文本	字符型	数据采集方法
41	结论总分	0～100	浮点型	质量评检结果按照相应的质检规范转换为分数评定
42	精度评价方法	自由文本	字符串	精度评价方法
43	数据质量评检单位	自由文本	字符串	数据质量评检结果负责的单位
44	数据质量评检日期	YYYYMMDDHHMMSS 格式	日期型	数据质量评检日期
45	数据质量总评价	自由文本	字符型	按照等级对数据质量进行总评价
46	更新数据方法	自由文本	字符型	数据资料新的获取方法
47	更新数据单位	自由文本	字符型	提供数据更新服务的单位
48	更新日期	YYYYMMDDHHMMSS 格式	日期型	数据更新服务日期

6. 磁力场数据

地球磁力产品是用于地磁定向、磁力测量通化处理、匹配导航、水下探潜等任务的基础地理信息，包含地面格网地磁总强度、磁偏角、地磁场模型等数据（顾春雷，2010）。

全球高精度磁力场数据包括全球地磁场模型、全球网格地磁总强度、全球网格磁偏角（常宜峰 等，2013）。

国内重点省市局部磁力模型成果包括区域磁力场模型（球谐函数模型、球冠谐模型、多项式模型等）、区域地磁场总强度（王丽，2015）。

（1）全球地磁场模型数据。全球地磁场模型数据文件主要采用纯文本格式，扩展名为.txt（常宜峰，2015）。全球地磁场模型文件头数据和磁力场模型数据见表 4.13 和表 4.14。

表 4.13　全球地磁场模型文件头数据表

序号	数据项名称	数据类型	说明
1	模型历元	整型	2020.0
2	模型阶数	整型	模型最高阶数
3	模型名称	字符型	EMM2015
4	发布日期	字符型	yyyy/mm/dd

表 4.14　全球磁力场模型数据表

序号	数据项名称	数据类型	说明
1	阶 n	整型	模型阶 n
2	次 m	整型	模型次 m
3	g_nm	双精度浮点型	高斯系数 g
4	h_nm	双精度浮点型	高斯系数 h
5	g_dot_nm	双精度浮点型	高斯系数时变 g_dot
6	h_dot_nm	双精度浮点型	高斯系数时变 h_dot

（2）格网地磁场总强度数据。格网地磁场总强度数据文件采用纯文本格式，扩展名为.txt。每行一个记录，数据记录内容见表 4.15。

表 4.15　格网地磁场总强度数据表

序号	数据项名称	数据类型	说明
1	格网中心纬度	双精度浮点型	单位为度.分秒
2	格网中心经度	双精度浮点型	单位为度.分秒
3	格网大小	双精度浮点型	单位为秒
4	地磁场总强度	双精度浮点型	海平面高度 F，单位为纳特
5	误差估计	双精度浮点型	单位为纳特

（3）区域地磁场球（冠）谐模型数据。区域地磁场球（冠）谐模型数据文件采用纯文本格式，扩展名为.txt。区域地磁模型文件头数据表和磁力场模型数据表的数据记录格式分别见表 4.16、表 4.17，区域磁力场数据元素见表 4.18。

表 4.16　区域地磁模型文件头数据表

序号	数据项名称	数据类型	说明
1	模型历元	整型	当前年份
2	模型阶数	整型	模型最高阶数

表 4.17　区域磁力场模型数据表

序号	数据项名称	数据类型	说明
1	阶 n	整型	模型阶 n
2	次 m	整型	模型次 m
3	g_nm	双精度浮点型	高斯系数 g
4	h_nm	双精度浮点型	高斯系数 h

表 4.18　区域磁力场数据元素

序号	数据元素名称	域值类型	数据类型	标注方式
1	数据类型	001:MOD 002:GET 003:GED 004:GEI	枚举型	磁力场数据类型
2	数据格式	自由文本	字符串	磁力数据格式
3	模型数据来源	自由文本	字符串	磁力场模型的来源
4	模型名称	自由文本	字符串	磁力场模型名称
5	模型摘要	自由文本	字符串	磁力场模型摘要
6	模型历元	—	浮点型	磁力场模型起算历元
7	模型阶数	>0	整型	磁力场模型阶数
8	模型次数	>0	整型	磁力场模型次数
9	参考椭球	001:WGS-84 002:GRS80 003:GRIM5 004:CGCS2000 005:EGM2008 可扩展	枚举型	磁力场模型所采用的参考椭球
10	地球平均半径	>0	浮点型	地球平均半径
11	模型扁率倒数	>0	浮点型	参考椭球扁率的倒数
12	正常化的二阶带谐系数	—	浮点型	正常化的二阶带谐系数
13	地心引力常量	>0	浮点型	地球引力常量
14	规格化	自由文本	字符型	规格化状态
15	估计误差	自由文本	字符型	估计误差类型
16	格网文件名	自由文本	字符型	格网文件的文件名
17	格网数据摘要	自由文本	字符型	格网文件摘要介绍
18	格网数据源	自由文本	字符型	格网数据来源

序号	数据元素名称	域值类型	数据类型	标注方式
19	时间系统	00:TAI 01:GPST 02:UTC 03:MLT 可扩充	枚举型	时间系统
20	潮汐系统	0:zero tide 1:free tide 2:mean tide	枚举型	潮汐系统
21	坐标系统	01:WGS-84 02:CGCS2000 可扩充	枚举型	坐标系统
22	区域描述	自由文本	字符型	数据覆盖区域描述
23	西北角经度	−180~180	浮点型	西北角坐标经度，单位为度.分秒
24	西北角纬度	−90~90	浮点型	西北角坐标纬度，单位为度.分秒
25	东南角经度	−180~180	浮点型	东南角坐标经度，单位为度.分秒
26	东南角纬度	−90~90	浮点型	东南角坐标纬度，单位为度.分秒
27	东西方向分辨率	>0	浮点型	东西方向格网分辨率，单位为度.分秒
28	南北方向分辨率	>0	浮点型	南北方向格网分辨率，单位为度.分秒
29	大地高	>0	浮点型	大地高，单位为米
30	数值单位	01:nT 02:degree 可扩充	枚举型	地磁场总强度、地磁场 $X/Y/Z/H$ 分量，单位为纳特； 磁偏角、磁倾角，单位为度
31	所有权单位	自由文本	字符型	数据产品所有权单位
32	发布单位	自由文本	字符型	数据产品发布的单位
33	生产单位	自由文本	字符型	数据产品生产单位
34	生产日期	YYYYMMDDHHMMSS 格式	日期型	数据产品的生产日期
35	产品更新日期	YYYYMMDDHHMMSS 格式	日期型	数据产品的更新日期
36	元数据采用的汉字字符集编码标准号	自由文本	字符型	执行的汉字字符集编码标准（包括专用标准）编号
37	格网点数	>0	整型	数据格网点数据量
38	格网行数	>0	整型	格网数据行数
39	格网列数	>0	整型	格网数据列数

序号	数据元素名称	域值类型	数据类型	标注方式
40	数据采集方法	自由文本	字符型	数据采集方法
41	结论总分	0～100	浮点型	质量评检结果按照相应的质检规范转换为分数评定
42	精度评价方法	自由文本	字符型	精度评价方法
43	数据质量评检单位	自由文本	字符型	数据质量评检结果负责的单位
44	数据质量评检日期	YYYYMMDDHHMMSS 格式	日期型	数据质量评检日期
45	数据质量总评价	自由文本	字符型	按照等级对数据质量进行总评价
46	更新数据方法	自由文本	字符型	数据资料新的获取方法
47	更新数据单位	自由文本	字符型	提供数据更新服务的单位
48	更新日期	YYYYMMDDHHMMSS 格式	日期型	数据更新服务日期

7. 地名数据

地名是赋予某一特定空间位置上自然或人文地理实体的专有名称，地名包括专名和通名。地名数据由地名、地名类型、空间位置及其他属性数据构成。地名数据不同于传统的地理实体数据，它不指代具体明确的位置信息，而只能表示一定的区间范围，具有模糊性。

地名数据通常覆盖境外大中城市、国内行政村，包括点状地名数据、面状区划地名数据及常见术语地名。

地名数据主要包括：通用交换格式（shp）数据包，数据包中包含地名详细信息文件、地名经纬度索引文件；地名数据产品包括接口码、现图上名称、原图上名称、汉语拼音、语种、类别、政区代码、归属、驻地名、高程、图幅号、图名、出版年代、更新日期、成图单位、经度、纬度、采集单位、总接口码、层名等（商瑶玲 等，2003）。

地名数据元素见表 4.19。

表 4.19　地名数据元素

序号	数据元素名称	数据类型	标注方式
1	产品名称	字符型	产品的名称
2	产品简要说明	字符型	简要说明该产品使用的原始资料、生产方法、要素层等
3	产品生产日期	日期型	格式为 YYYYMM
4	产品更新日期	日期型	格式为 YYYYMM；缺省为 NULL

序号	数据元素名称	数据类型	标注方式
5	产品所有权单位名称	字符型	产品所有权单位名称
6	产品生产单位名称	字符型	产品生产单位名称
7	数据来源	字符型	参照图式标准名称及编号
8	数据格式	字符型	参照要素分类编码标准名称及编号
9	坐标形式	字符型	参照数据格式标准名称及编号
10	图廓角点经度范围	字符型	元数据标准名称及编号
11	图廓角点纬度范围	字符型	如 GB2312
12	大地基准	字符型	1954 北京坐标系、1980 西安坐标系、独立坐标系、地心坐标系等
13	高程基准	字符型	1956 黄海高程系、1985 国家高程基准、独立高程基准等
14	地图投影名称	字符型	无投影、高斯-克吕格投影、等角圆锥投影、墨卡托投影、方位投影等
15	中央经线	数值型	单位为度；缺省为-32 767.0
16	分带方式	字符型	3 度带、6 度带、4 度带、8 度带、不分带
17	高斯投影带号	数值型	缺省为-32 767
18	坐标单位	字符型	度；秒；米
19	数据量	数值型	单位为兆字节（MB），可保留小数后一位
20	地名条数	数值型	地名文件包含的地名数
21	地名分类	字符型	地名文件中包含哪些地名类型，如城市名类、建筑名类等
22	语言	字符型	地名所采用的语言

8. 导航电子地图数据

导航电子地图是指通过路网拓扑和数据结构设计，从而叠加了路径规划、导航指引、实时交通信息等数据的电子地图。导航电子地图主要具备定位显示、地址查询、最优路径规划等功能，并且可以通过语音等交互功能完成路线实时指引。

（1）导航电子地图数据包括基础路网、电子眼、交通规制、图片引导、行车引导线路径等；信息点数据包括 POI、地名信息等；背景数据包括建筑物、功能面、水系、植被、铁路等；行政区划：国家、省、市、区县。

（2）道路数据具体包括县级以上道路（或类似级别以上道路），偏远地区乡村道路，城市内部主要街道、次要街道、城市快速路、城市支路等及道路附属设施（包括桥梁、隧道、收费站、高速公路服务区等）。

导航电子地图数据元素见表4.20。

表4.20 导航电子地图数据元素

序号	数据元素名称	数据类型	标注方式
1	数据集名称	字符型	数据资源产品类别
2	数据集所有权单位名称	字符型	对数据产品拥有知识产权的单位
3	数据集生产单位名称	字符型	对数据产品进行生产制作的单位
4	数据集出版单位名称	字符型	对数据产品进行出版发布的单位
5	数据集生产日期	字符型	数据产品的生产日期
6	数据集更新日期	字符型	数据产品的更新日期
7	数据集出版日期	字符型	数据产品的出版日期
8	参照图式编号	字符型	图式执行标准的名称及其编号 GJB××××-××××
9	参照要素分类编码编号	字符型	要素分类编码执行的标准的名称及其编号 GJB××××-××××
10	区域名称	字符型	数据资源省名汉字全称
11	区域编号	字符型	数据资源省名大写简拼
12	区域矩形范围东西经度	字符型	±DDDMMSS-±DDDMMSS 表示度、分、秒
13	区域矩形范围南北纬度	字符型	±DDMMSS-±DDMMSS 表示度、分、秒
14	区域矩形左下角点经度坐标	双精度浮点型	西南图廓角点经度坐标
15	区域矩形左下角点纬度坐标	双精度浮点型	西南图廓角点纬度坐标
16	区域矩形右下角点经度坐标	双精度浮点型	东南图廓角点横坐标
17	区域矩形右下角点纬度坐标	双精度浮点型	东南图廓角点纵坐标
18	区域矩形右上角点经度坐标	双精度浮点型	东北图廓角点经度坐标
19	区域矩形右上角点纬度坐标	双精度浮点型	东北图廓角点纬度坐标
20	区域矩形左上角点经度坐标	双精度浮点型	西北图廓角点横坐标
21	区域矩形左上角点纬度坐标	双精度浮点型	西北图廓角点纵坐标
22	椭球长半径	双精度浮点型	数据资源采用的椭球长半径
23	椭球扁率	双精度浮点型	数据资源采用的椭球扁率
24	大地基准	字符型	数据资源使用的大地基准
25	地图投影	字符型	经纬度投影
26	坐标单位	字符型	数据资源坐标采用的度量单位
27	坐标维数	短整型	数据资源的坐标维数
28	高程系统	字符型	数据资源采用的高程系统
29	高程基准	字符型	数据采用的高程基准
30	深度基准	字符型	数据资源采用的深度基准

9. 实景影像数据

实景影像是与人肉眼所见事物相同，可以反映实体之间时空相对位置和周边环境信息的地表高分辨率数字影像。依托于专业软件，它具有直观浏览、绝对定位、属性挖掘、历史资料查询等功能。

实景影像数据产品包括以下内容。

（1）实景影像：通过近地表观测设备直接采集的立体影像。

（2）内外方位元素：描述摄影测量过程中相机和被摄物体之间空间关系的参数。内方位元素通常包括相机的焦距、主点位置和畸变参数等，这些参数用于描述相机内部光学系统的特性和图像成像的几何关系；外方位元素则是描述相机相对于被摄物体的位置和姿态的参数，通常包括相机的三维位置和姿态（也称为相机的外方位角）等。

（3）时间参数：描述采集实景影像的绝对时间。

（4）应用接口：用于近景摄影测量与空间位置查询的接口。

数据规格如下。

（1）数据内容。实景影像数据包含单幅影像、全景影像或高清街景影像。

（2）像素要求。单幅影像像素大于 500 万像素，全景影像像素大于 3 000 万像素，高清街景影像单张像素大于 7 200 万像素。

（3）数据质量。影像需清晰无污、色调一致、无明显反差失真、曝光正常。

（4）数据组织。实景影像数据成果包括实景影像产品数据和实景路网产品数据库。

实景影像产品规格成果形式为实景影像切片大文件及索引文件。实景影像切片是指把一张原始影像按一定规则切分成的小图。实景影像切片成果存储方式为把多个影像文件切片存放到同一文件中，按大文件及对应索引文件方式存储。

实景影像数据元素见表 4.21。

表 4.21 实景影像数据元素

序号	数据元素名称	数据类型	标注方式
1	产品名称	字符串	数据资源全称
2	测区号	字符串	数据产品的城市代码
3	产品采集日期	日期型	数据产品的采集拍摄日期
4	产品生产日期	日期型	数据产品的生产日期
5	产品更新日期	日期型	数据产品的更新日期
6	产品版本	字符串	数据产品的版本号
7	发布日期	整型	数据产品的出版日期
8	产品所有权单位名称	字符串	对数据产品拥有知识产权的单位

序号	数据元素名称	数据类型	标注方式
9	产品生产单位名称	字符串	对数据产品进行生产制作的单位
10	产品发布单位名称	字符串	对数据产品进行出版发布的单位
11	产品数据量	长整型	单位为兆字节
12	范围西南角点横坐标	双精度浮点型	范围西南角点横坐标，单位为米
13	范围西南角点纵坐标	双精度浮点型	范围西南角点纵坐标，单位为米
14	范围西北角点横坐标	双精度浮点型	范围西北角点横坐标，单位为米
15	范围西北角点纵坐标	双精度浮点型	范围西北角点纵坐标，单位为米
16	范围东南角点横坐标	双精度浮点型	范围东南角点横坐标，单位为米
17	范围东南角点纵坐标	双精度浮点型	范围东南角点纵坐标，单位为米
18	范围东北角点横坐标	双精度浮点型	范围东北角点横坐标，单位为米
19	范围东北角点纵坐标	双精度浮点型	范围东北角点纵坐标，单位为米
20	坐标系	字符串	数据资源坐标采用的坐标系
21	坐标单位	字符串	数据资源坐标采用的度量单位
22	高程系统	字符串	数据资源采用的高程系统
23	高程基准	字符串	数据采用的高程基准
24	平面位置中误差	双精度型	平面位置中误差
25	高程中误差	双精度型	高程中误差
26	完整性	字符串	数据产品完整性
27	数据质量评分	浮点型	图幅质量评检结果按照相应的质检规范转换为分数评定
28	数据质量检验单位	字符串	对数据质量评检结果负责的单位
29	数据质量检查日期	日期型	数据质量评检的日期

4.3.2　全球基础影像数据

全球基础影像数据可分为可见光遥感影像数据、SAR 遥感影像数据、红外遥感影像数据、高光谱遥感影像数据和视频遥感影像数据 5 大类，如图 4.8 所示。

1. 可见光遥感影像数据

可见光遥感影像数据是指通过可见光波段（通常是红、绿、蓝三个波段）获取的地球表面图像数据，包括可见光立体（如资源三号、高分七号等）和可见

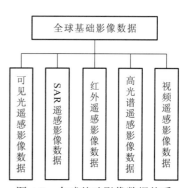

图 4.8　全球基础影像数据体系

光单视（如高分一号、WorldView等）两种。

可见光遥感数据包括元数据文件、严密成像几何模型文件、数据文件、影像数据几何范围信息文件、浏览图文件、拇指图文件、辐射校正信息文件、有理多项式系数（rational polynomial coefficients，RPC）文件。其中：严密成像几何模型文件以dim格式存储；影像数据几何范围信息文件以tfw格式存储；浏览图文件以jpg格式存储；拇指图文件以thumb jpg/ico jpg格式存储；辐射校正信息文件以rad xml格式存储；有理多项式系数文件以rpb/rpc格式存储；数据文件以tiff、tif、img、cos、sol、wav、mpeg格式存储。可见光遥感影像数据格式见表4.22。

表4.22 可见光遥感影像数据格式

序号	名称	格式	说明
1	元数据文件	xml	影像产品元数据
2	严密成像几何模型文件	dim	影像产品数字模型（适用严格成像模型）（可选）
3	数据文件	tiff	数据格式
		tif	
		img	
		cos	
		sol	
		mpeg	
		wav	
4	影像数据几何范围信息文件	tfw	tiff/tif格式影像体辅助文件（可选）
5	浏览图文件	jpg	预览影像格式
6	拇指图文件	thumb jpg/ico jpg	拇指图
7	辐射校正信息文件	rad xml	辐射校正参数文件及处理描述
8	RPC文件	rpb/rpc	成像模型文件

2. SAR遥感影像数据

SAR遥感影像数据是一种主动遥感技术，通过发射电磁波并接收反射回来的信号来获取地球表面的信息。SAR遥感影像数据是由SAR传感器获得的遥感影像数据，这些数据可以提供地球表面的高分辨率图像，能够穿透云层和地面植被，适合于对陆地、海洋和极地等不同环境的监测和观测。

SAR遥感影像数据包括元数据文件、RPC参数文件、SAR 1级影像数据、影像元信息文件、入射角文件、浏览图文件、拇指图。其中：元数据文件包括发现元数据、结构元数据和应用元数据；SAR 1级影像数据以tiff格式存储；浏览图文件以jpeg格式存储；拇指图文件以jpeg格式存储；入射角文件以xml格式存储；RPC参数文件以xml格式存储。SAR遥感影像数据格式见表4.23。

表 4.23　SAR 遥感影像数据格式

序号	名称	文件格式	说明
1	SAR 1 级影像数据	tiff	影像数据、RPC 参数文件、影像元信息文件、浏览图文件和拇指图文件以景号为唯一标识
2	RPC 参数文件	xml	
3	影像元信息文件	xml	
4	入射角文件	xml	
5	浏览图文件	jpeg	
6	拇指图文件	jpeg	

3. 红外遥感影像数据

红外遥感影像数据是利用红外波段（波长 0.76～1 000 μm）传感器获取的地球表面反射率数据，按波长可分为超远红外、远红外、中红外、近红外等，代表性红外遥感卫星有 Landsat8。

红外遥感影像数据包括元数据文件、严密成像几何模型文件、数据文件、影像数据几何范围信息文件、浏览图文件、拇指图文件、辐射校正信息文件、RPC 文件。其中：严密成像几何模型文件以 dim 格式存储；影像数据几何范围信息文件以 tfw 格式存储；浏览图文件以 jpg 格式存储；拇指图文件以 thumb jpg/ico jpg 格式存储；辐射校正信息文件以 rad xml 格式存储；RPC 文件以 rpb/rpc 格式存储；数据文件以 tiff、tif、img、cos、sol、wav、mpeg 格式存储。红外遥感影像数据格式见表 4.24。

表 4.24　红外遥感影像数据格式

序号	名称	格式	说明
1	元数据文件	xml	影像产品元数据
2	严密成像几何模型文件	dim	影像产品数字模型（适用严格成像模型）（可选）
3	数据文件	tiff	数据格式
		tif	
		img	
		cos	
		sol	
		mpeg	
		wav	
4	影像数据几何范围信息文件	tfw	tiff/tif 格式影像体辅助文件（可选）
5	浏览图文件	jpg	预览影像格式
6	拇指图文件	thumb jpg/ico jpg	拇指图
7	辐射校正信息文件	rad xml	辐射校正参数文件及处理描述
8	RPC 文件	rpb/rpc	成像模型文件

4. 高光谱遥感影像数据

高光谱遥感卫星能够捕获地球表面的高分辨率光谱图像，可以识别出不同波长的光（光谱分辨率为 5～10 nm，波段 36～256 个），进而提供地球表面物质的化学成分和特性信息。

高光谱遥感影像数据包括元数据文件、严密成像几何模型文件、数据文件、影像数据几何范围信息文件、浏览图文件、拇指图文件、辐射校正信息文件、RPC 文件。其中：元数据文件包括发现元数据、结构元数据和应用元数据；严密成像几何模型文件以 dim 格式存储；影像数据几何范围信息文件以 tfw 格式存储；浏览图文件以 jpg 格式存储；拇指图文件以 thumb jpg/ico jpg 格式存储；辐射校正信息文件以 rad xml 格式存储；RPC 文件以 rpb/rpc 格式存储；数据文件以 tiff、tif、img、cos、sol、wav、mpeg 格式存储。高光谱遥感影像数据格式见表 4.25。

表 4.25　高光谱遥感影像数据格式

序号	名称	格式	说明
1	元数据文件	xml	影像产品元数据
2	严密成像几何模型文件	dim	影像产品数字模型（适用严格成像模型）（可选）
3	数据文件	tiff	数据格式
		tif	
		img	
		cos	
		sol	
		mpeg	
		wav	
4	影像数据几何范围信息文件	tfw	tiff/tif 格式影像体辅助文件（可选）
5	浏览图文件	jpg	预览影像格式
6	拇指图文件	thumb jpg/ico jpg	拇指图
7	辐射校正信息文件	rad xml	辐射校正参数文件及处理描述
8	RPC 文件	rpb/rpc	成像模型文件

5. 视频遥感影像数据

视频遥感最大特点是可以通过"凝视"获取高时空分辨率的图像数据，并通过录像保存下来，其能够捕捉到地表物体的细节信息，常用来观测动态目标，分析其瞬时特性。代表性视频遥感卫星有吉林一号卫星。

视频遥感影像数据包括元数据文件、视频文件、浏览图文件、拇指图文件。其中：元数据文件包括发现元数据、结构元数据和应用元数据；浏览图文件以 jpg 格式存储；拇指图文件以 thumb.jpg/ico.jpg 格式存储；视频文件以 mp4、mkv、avi 格式存储。视频遥感影像数据格式见表 4.26。

表 4.26 视频遥感影像数据格式

序号	名称	格式	说明
1	元数据文件	xml	影像产品元数据
2	视频文件	mp4	数据格式
		mkv	
		avi	
3	浏览图文件	jpg	预览影像格式
4	拇指图文件	thumb.jpg/ico.jpg	拇指图

4.3.3 全球气象水文数据

根据产品类型，全球气象水文数据可以分为气象标准化数据、水文标准化数据、遥感融合产品标准化数据、气象雷达标准化数据、气象海洋标准化数据、数值预报产品标准化数据、气象统计产品标准化数据、水文统计产品标准化数据和气象水文元数据标准化数据 9 类产品（图 4.9）。

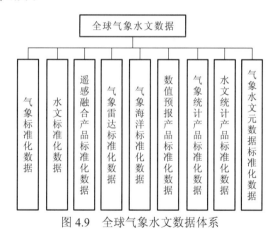

图 4.9 全球气象水文数据体系

1. 气象标准化数据

气象标准化数据可进一步分为全球地面气象数据、全球高空气象数据、重要天气气象数据、地面自动站雨量气象数据、全国地面自动站气象数据、全球民航机场气象数据、全球飞机观测气象数据、城镇精细化预报气象数据、全球台风气象数据、实时海面气象数据、延时海面气象数据、海气边界层气象数据，共计 12 类，如表 4.27 所示。

表 4.27 气象标准化数据

序号	数据	数据内容描述
1	全球地面气象数据	海平面气压、风速、风向、气温、湿球气温、水汽压、相对湿度、露点温度、海面能见度、最小能见度、总云量、云状、云高、天气现象、降水量等
2	全球高空气象数据	层高、气压、温度、风速、风向等。标准层包括地面层、1 000 hPa、925 hPa、850 hPa、700 hPa、600 hPa、500 hPa、400 hPa、300 hPa、250 hPa、200 hPa、150 hPa、100 hPa、70 hPa、50 hPa、40 hPa、30 hPa、20 hPa、15 hPa、10 hPa、7 hPa、5 hPa 22 个层
3	重要天气气象数据	最大风的风向、最大风速、龙卷、龙卷所在方位、积雪深度、电线结冰直径、冰雹直径、小时降水量
4	地面自动站雨量气象数据	分钟降水量等
5	全国地面自动站气象数据	海平面气压、风速、风向、气温、湿球气温、水汽压、相对湿度、露点温度、海面能见度等
6	全球民航机场气象数据	气温、露点温度、海平面气压、水平能见度、垂直能见度、天气现象、云量、云高、积雨云、浓积云、跑道视程、风切变等
7	全球飞机观测气象数据	层高、气压、温度、风速、风向颠簸、气压层高度、等效垂直阵风等
8	城镇精细化预报气象数据	站号、预报起报时间、12~168 h 城镇预报，预报要素包括温度、相对湿度、风、气压、降水量、总云量、低云量、天气现象、能见度、最高气温、最低气温、最大相对湿度、最小相对湿度等要素数据等
9	全球台风气象数据	台风实况和预报信息，包括台风中心位置、气压、移动方向、移动速度、风速、7 级/10 级/12 级风半径等
10	实时海面气象数据	海平面气压、风速、风向、气温、湿球气温、水汽压等
11	延时海面气象数据	海平面气压、风速、风向、气温、湿球气温、水汽压等
12	海气边界层气象数据	海气边界层气压、风速、风向、气温、湿球气温、水汽压等

2. 水文标准化数据

水文标准化数据可进一步分为实时全球海洋海水温度数据、实时全球海洋海水盐度数据、实时全球海洋海水密度数据、实时全球海洋海水声速数据、实时全球海洋海流数据、实时全球海洋海浪数据、延时全球海洋海水温度数据、延时全球海洋海水盐度数据、延时全球海洋海水密度数据、延时全球海洋海水声速数据、延时全球海洋海流数据、延时全球海洋海浪数据、延时全球海洋潮汐资料数据、延时海洋海冰资料数据、延时陆地水文江河水位数据、延时陆地水文水库水位数据，共计 16 类，如表 4.28 所示。

表 4.28　水文标准化数据

序号	数据	数据内容描述
1	实时全球海洋海水温度数据	层深、温度等
2	实时全球海洋海水盐度数据	层深、盐度等
3	实时全球海洋海水密度数据	层深、密度等
4	实时全球海洋海水声速数据	层深、声速等
5	实时全球海洋海流数据	水平流速、水平流向、垂直流速等
6	实时全球海洋海浪数据	海况、海浪、波型、风浪向、涌浪向、有效波高,有效波周期、最大波高、最大波周期、风速、风向、平均波高、平均波周期、波长、波速等
7	延时全球海洋海水温度数据	层深、温度等
8	延时全球海洋海水盐度数据	层深、盐度等
9	延时全球海洋海水密度数据	层深、密度等
10	延时全球海洋海水声速数据	层深、声速等
11	延时全球海洋海流数据	水平流速、水平流向、垂直流速等
12	延时全球海洋海浪数据	海况、海浪、波型、风浪向、涌浪向、有效波高、有效波周期、最大波高、最大波周期、风速、风向、平均波高、平均波周期、波长、波速等
13	延时全球海洋潮汐资料数据	小时潮位、高低潮时刻、高低潮潮高等
14	延时海洋海冰资料数据	名称、编号、流速、水位
15	延时陆地水文江河水位数据	名称、编号、水位、水情
16	延时陆地水文水库水位数据	名称、编号、水位、水情

3. 遥感融合产品标准化数据

遥感融合产品标准化数据包括多星拼图产品、海面温度融合产品、海面风场融合产品、有效波高融合产品 4 类数据产品，如表 4.29 所示。

产品数据包括元数据、实体数据、实体数据头文件、快视图、气象雷达标准化数据集。

表 4.29　遥感融合产品标准化数据

序号	数据	数据内容描述
1	多星拼图产品	日、月拼图产品
2	海面温度融合产品	海表温度日、月平均产品
3	海面风场融合产品	海面风场日、月平均产品
4	有效波高融合产品	有效波高日、月平均产品

4. 气象海洋标准化数据

常见的气象海洋标准化数据包括云图数据、云图定量产品数据和云图监测产品数据，如表 4.30 所示。其中：云图数据包括可见光图像、红外图像、水汽图像、微光图像、微波图像和多通道合成图像；云图定量产品数据包括海面温度、海面风场、有效波高、云量、云分类、云顶高、水汽含量、陆表温度等；云图监测产品数据包括积雪、台风、沙尘、低云、大雾、云检测、强对流等。

表 4.30　气象海洋标准化数据

序号	资料名称	要素内容描述
1	FY-2 卫星资料	红外、可见光、水汽通道全圆盘原始图、投影云图等
2	FY-3 卫星资料	红外、可见光、投影云图等
3	FY-4 卫星资料	红外、可见光、水汽通道全圆盘原始图、投影云图等
4	HY-2B 卫星资料	海面风场、海面高度、有效波高、海面温度、大气水汽含量等
5	HY-2A 卫星资料	海面风场、海面高度、有效波高、海面温度、大气水汽含量等
6	EOS 卫星资料	海面风场、海面高度、有效波高、海面温度、大气水汽含量等
7	HIMAWARI 卫星资料	红外、可见光、水汽通道全圆盘、投影云图等
8	GOES 卫星资料	红外、可见光、水汽通道全圆盘、投影云图等
9	Cosmic GPS 掩星资料	反演的大气气体产品类型、时间、经纬度、无线电掩星资料质量标志、在经度 0 度/90 度/北极方向离地球中心的距离、绝对平台速度-第一/二/三分量、位势高度、气压、温度、比湿等
10	METOP-A 卫星资料	时间、经纬度、卫星天顶角、方位或方位角、可视区域号、轨道号、扫描线号、主帧计数、IASI 系统质量标志、通道号、比例化 IASI 辐射率、均一化的微分植被指数、谱带中剩余 RMS、AVHRP 通道组合、通道号、通道比例因子、比例化平均 AVHRP 辐射率、比例化 AVHRP 辐射率标准差、分段的云量等
11	METOP-B 卫星资料	轨道号、扫描线号、主帧计数、太阳天顶角、太阳方位角、辐射仪标识符、仪表温度、卫星仪器、时间、经纬度、卫星天顶角、方位或方位角、可视区域号、通道号、通道质量标志、亮温、反射率、总云量等

注：IASI（infrared atmospheric sounding interferometer，红外大气探测干涉仪）；RMS（root mean square，均方根）；AVHRR（advanced very high resolution radiometer，甚高分辨率辐射计）

5. 数值预报产品标准化数据

目前全球数值预报产品标准化数据主要有欧洲细网格数值预报产品数据、欧洲数值预报产品数据、德国数值预报产品数据、日本数值预报产品数据、美国数值预报产品数据和中国气象局数值预报产品数据，共 6 类，如表 4.31 所示。

表 4.31　数值预报产品标准化数据

序号	数据	数据内容描述
1	欧洲细网格数值预报产品	散度、位势高度、海平面气压、相对湿度、温度、风的 U 分量和 V 分量等
2	欧洲数值预报产品	散度、位势高度、海平面气压、相对湿度、温度、风的 U 分量和 V 分量等
3	德国数值预报产品	累计降水、高度、温度场
4	日本数值预报产品	降水、位势高度、温度
5	美国数值预报产品	降水、位势高度、温度
6	中国气象局数值预报产品	气压、位势高度、温度、温度露点差、风场、相对湿度等

6. 气象统计产品标准化数据

气象统计产品标准化数据包括地面气候统计产品数据集、高空气候统计产品数据集、海洋气候统计产品数据集、热带气旋统计产品数据集、NCAR 再分析数据集和 NCEP 再分析数据集，共计 6 类，如表 4.32 所示。

表 4.32　气象统计产品数据

序号	数据	数据内容描述
1	地面气候统计产品数据集	历年旬、月平均值极值，累年旬、月平均值极值，累年旬、月平均值极值等统计信息
2	高空气候统计产品数据集	累年旬、月各等压面各时次平均值极值，累年、旬月大风速层统计等统计信息
3	海洋气候统计产品数据集	全球海洋 15 个气象水文要素累年（旬、月）统计分析产品
4	热带气旋统计产品数据集	历年各洋区热带气旋生成频率、热带气旋影响频率、热带气旋生成频率等统计信息
5	NCAR 再分析数据集	温度、气压、湿度、风、降水等
6	NCEP 再分析数据集	温度、气压、湿度、风、降水等

7. 水文统计产品标准化数据

水文统计产品标准化数据包括海水温度统计产品数据、海水盐度统计产品数据、海水密度统计产品数据、海水声速统计产品数据、海洋海流统计产品数据和海洋海浪统计产品数据，共计 6 类，如表 4.33 所示。

表 4.33　水文统计产品标准化数据

序号	数据	数据内容描述
1	海水温度统计产品数据	层深、温度等
2	海水盐度统计产品数据	层深、盐度等
3	海水密度统计产品数据	层深、密度等
4	海水声速统计产品数据	层深、声速等
5	海洋海流统计产品数据	流速大小、方向
6	海洋海浪统计产品数据	浪高、潮高

4.4 "数字地球+"典型应用

4.4.1 "数字地球+"应用方向

当前，全球变化和社会可持续发展是世界各国极为关注的重要问题。数字地球为研究这些问题提供了良好的条件。数字地球的模拟和仿真技术可帮助人们更好地了解全球变化的过程、规律、影响和对策，进而提高人类应对全球变化的能力。此外，数字地球还可广泛应用于城市化、全球气候变化、海平面变化、土地利用变化等方面的监测和研究。与此同时，数字地球可以帮助人们深入了解人口增长和社会发展之间的相互作用，从而预测未来的人口趋势和社会需求，为城市规划和公共服务提供指导。我国是一个人口众多、土地资源有限、自然灾害频发的发展中国家，与农业息息相关的耕地变化、水利建设、自然灾害应急管理等问题也是数字地球关注的热点。当前，数字地球在城市发展、应急管理、交通管理、航天领域等均有广泛的应用案例。

1. 数字地球+城市发展

数字地球建设可以促进传统城市向"智慧城市"发展。2009年8月，IBM公司发布了《智慧城市在中国》报告，认为"智慧城市"是运用信息和通信技术手段感测、分析、整合城市运行核心系统的各项关键信息，从而对包括民生、环保、公共安全、城市服务、工商业活动在内的各种需求做出智能响应。我国在《国家新型城镇规划（2014—2020年）》中专门描述了智慧城市，标志着相关内容已经成为国家级战略规划。在智慧城市民生领域，酒店、房地产、旅游公司、商场都可将相应店铺的虚拟信息放入数字地球，供顾客和用户查看挑选，并可根据用户习惯和爱好辅助用户抉择，节约顾客时间，提高效率。此外，数字地球也可在城市交通、环境治理、城市规划、基础设施建设等公共服务领域，辅助政府部门做出更合理的规划，优化城市发展，从而对城市发展和人们生活产生巨大影响。

2. 数字地球+应急管理

近年来，我国自然灾害、生产事故等事件频发，应急管理工作遇到巨大挑战。应急管理"9+4"的机构改革、"三定方案"的制定及《应急管理信息化发展战略规划框架（2018—2022年）》和《2019年地方应急管理信息化实施指南》的发布，标志着我国应急管理体系的逐渐完善，明确了涵盖先进强大的大数据支撑、智慧协同的业务应用的应急管理信息化发展总体架构。

3. 数字地球+智慧交通

智慧交通是在智能交通基础上，在数字地球上融入物联网、大数据、云计算、移动互联等高新技术并汇集交通信息，提供实时交通数据的交通信息服务。国家、各省市等都可将其道路、桥梁、隧道等实时监控监测信息通过通信技术、计算机技术、数据融合技术等放入数字地球中，建成实时、准确、高效的涵盖地面、地下、水上、空中等运输方式的综合管理系统。数字地球与智慧交通相结合，可以将实时道路信息传给交管部门，经处理后，再分发给各种需求的用户（如医院、司机等），可以帮助用户合理决策规划出行路线。

4. 数字地球+航天应用

数字地球在航天领域的应用主要体现在卫星设备管理、卫星需求筹划、信息处理等方面。卫星设备管理负责监测设备运行服务状态，并对异常情况报警；提供系统日志记录和管理；对数据使用情况、应用使用情况、用户在线状态等进行统计分析；提供方便管理维护的可视化界面。信息处理主要是利用遥感、文字、网络等多手段感知、处理、分析与融合技术手段，遵照用户应用标准的数据组织，实现基于空间、时间、属性和事件智能关联与信息挖掘。

4.4.2 智慧城市典型应用

1. 应用背景

智慧城市是一种应用信息技术和物联网等新兴技术手段，以提高城市运行效率、优化资源配置、改善市民生活为目标的城市发展模式。智慧城市通过数字化、网络化和智能化手段，实现城市各个领域的智能化管理和服务，包括城市交通、环保、能源、安全等方面。智慧城市旨在创造更加便捷、舒适、安全、可持续的城市生活环境，提高城市竞争力和市民幸福感。

2. 关键技术

近年来随着数据采集方式的升级换代，智慧城市信息数据急速增加，我国进入大数据时代。智慧城市建设也依赖于一些大数据技术。

1）泛在感知关键技术

（1）智慧城市数据存储

智慧城市数据来源广泛，不仅包含城市内部不同业务部门和系统的感知实时数据，还包括遥感影像、气象网站、互联网舆情、摄像头等泛在感知类型数据，具有来源分散、数量巨大、处理及应用对实时性要求很高的特点，传统存储对计算引擎的支持以批量离线计算为主，计算和数据的实时性均较差。当前智慧城市主要采用流批一体的实时数据存储技术，不管是流作业还是批作业，本质上都是对底层的有向无环图（directed acyclic graph，DAG）实施调度，通过一套应用程序接口栈使批和流的任务统一起来。实时化方式处理大数据需要智慧城市数据存储系统以相同的处理引擎来处理实时事件和历史回放事件，并且支持精确一次（exactly once）语义，保证有无故障情况下计算结果完全相同。

基于实时数据查询优化技术，可以提供任意维度的索引下推，不限于谓词下推、函数下推、聚合下推、子查询下推等，从而最大限度地利用存储的能力加速计算。

（2）智慧城市数据治理

智慧城市数据复杂多样，不仅包含传统的原始数据，还包含智慧城市孪生域中大量的实体模型数据。这些数据类型多样、来源复杂、动态变化、空间异质，对这些繁杂的数据建模和信息提取是智慧城市数据治理的关键。当前"数字地球+"主要采用多尺度时空网格索引构建技术，将同一地区不同类型的各类数据索引信息集中存储在同一个大表单元中，实现结构化与非结构化一体、本地与分布式一体的剖分索引，从而提高数据调度和查询检索服务的效率。利用全球时空剖分组织框架将地球无缝无叠地剖分为均匀分布的多尺度的网格，地球空间上与位置相关的任意信息都可以纳入这一框架。一方面，只要建立了剖分网格与地球空间的对应关系，所有与位置相关的信息都能够以网格编码为主线简便、迅速地找到。另一方面，以剖分网格为空间大数据组织单位，归属于同一网格的各种空间大数据也可以建立天然的关联。利用空间统一的区位标识，将各类多源异构基础地理信息数据通过一致的网格编码有机地关联起来，进行多尺度网格化关联索引，建立空间网格索引模型，可对需求关联的基础地理信息资源进行深度挖掘，为多源异构基础地理信息数据跨库查询检索、多部门共享数据提供有力支撑。智慧城市大规模数据快速治理，采用三维模型数据模型轻量化技术，精简优化源数据，优化渲染引擎，提升模拟仿真运行速度，保证数据分析精度，满足智慧城市快速高效的可视化、计算等操作。

（3）智慧城市数据服务

数据服务提供了服务接口，使得上层应用可以轻松地获取并利用封装和开放的数据，从而实现更高效的业务操作。针对智慧城市各类系统应用对不同部门的数据需求，纵向建立测绘地理、交通导航、气象、海洋等专业数据、知识服务体系，综合利用智慧城市各专业领域之间的关联关系，建立高效综合服务总线，为智慧城市建设提供以实体模型为中心的数字孪生实体模型服务、可快速支撑城市应用保障的数据定制与推荐服务等。

2）城市三维模型快速构建与可视化关键技术

城市是人类生活和经济发展的中心，随着我国城市化的步伐日益加快，越来越多的人选择在城市定居。智慧城市建设需要快速构建大规模城市三维模型，并具有通过高精度、高逼真度的虚拟现实设备进行实景展现的能力。近年来，相关技术取得蓬勃发展。

（1）基于稀疏性与超参数的三维重建神经网络模型设计与优化

由于生物神经元网络具备比深度神经网络更好的鲁棒性，因此仿照生物神经元进行结构改造是深度神经网络改造的重要途径。已有研究表明，生物视觉系统中的初期特征抽象过程与稀疏表示过程非常相似。为了达到稀疏学习的目的，依据现有的生物脑神经网络存在的一些性质，对现有的深度神经网络结构、激活函数、优化目标等方面进行改造。在结构的改造方面，参考神经元的抑制性与兴奋性，其中兴奋性神经元的作用在于接收其他神经元的兴奋信号并以一定的激励函数的方式输出（图 4.10）。而抑制性神经元的数量较少，其作用是降低兴奋性神经元的兴奋性。

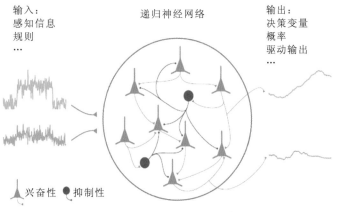

输入：　　　　　　递归神经网络　　　　　　输出：
感知信息　　　　　　　　　　　　　　　　决策变量
规则　　　　　　　　　　　　　　　　　　概率
…　　　　　　　　　　　　　　　　　　　驱动输出
　　　　　　　　　　　　　　　　　　　　…

兴奋性　抑制性

图 4.10　兴奋性与抑制性示意图

除了改造神经网络的结构，也可改造神经网络的激活函数，一些研究已经针对 ReLU、Softmax、Softplus、Sigmoid、Tanh 等激活函数，讨论了针对简单网络不同的激活函数对最终稀疏性，乃至分类正确率的影响。神经元的输出实际上是趋向于二值的，除了隐节点本身的激活函数，抑制性神经元对兴奋性神经元的激活函数也相当重要。抑制性神经元虽然名义上承担了抑制性，但由于其连接权重是学习而来的，其学习可能是负值。可以采取套入激活函数的方式，保证抑制性神经元都是正的作用。

深度神经网络的优化目标的是全局的，且不随时间发生变化。但是真正的生物神经网络，其结构乃至优化目标会随着接受信息推演不断发生变化，更重要的是目标函数优化本身也是一个学习的过程。

除了优化目标函数的多变，优化目标函数还存在区域目标各异及目标函数相互影响的特点。在人脑中可以看到不同的功能区域，每个区域负责不同的任务，如视觉、听觉和运动。每个区域都有不同的目标函数，以实现特定的功能。同时目标函数本身可能也是一个被学习的结构，如图 4.11 所示，在人脑中有些结构中的错误流是来自其他结构的输出。

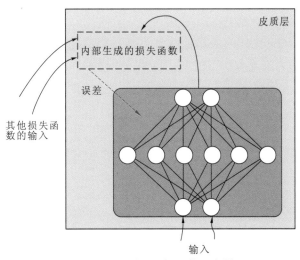

图 4.11　可学习目标函数示意图

神经网络结构的组件需求会随着应用场景的不同而变化，因为每个场景需要特定的神经网络来处理不同的任务。神经网络构成的机器学习模型有着较强的表达能力。此类模型的输入通常是原始的数据，输出是最终的分类结果或重建结果。神经元函数之间的连续可微分连接构成了输入和输出之间的连续映射，可以描述任何输入到输出的变化。从输入到输出完整的前馈计算及从输出到输入完整的梯度反向传播可以从整体上调整模型的全部参数。从而形成对特定任务有着鲁棒性能的分类器。当具体的应用场景确定以后，通常可以选择合适的若干神经网络模块来组建完整的神经网络模型。在组建完整模型的过程中，上一级模块的输出将和下一级模块的输入端完全对接。在反向求梯度时，下一级模块关于输入特征的梯度将作为上一级模块输出特征的梯度。每个模块本身可以根据其输出特征的梯度计算其输入特征的梯度。因此，当模块搭建好以后，其前向计算和反向传播学习将变得顺理成章。

应用场景不同，神经网络模块组合方式也不同。例如，对于图像识别问题，传统的方法包括提取图像特征、合并特征、归一化特征、组合特征、经过分类器判别。其相对应的神经网络模块为卷积层、池化层、归一化层、全连接层和 Softmax 回归层。

神经网络的一大优点是端到端的参数学习，从而让输入端的数据和最终输出端的类别信息通过所有模块进行沟通。在前馈和反馈的不断计算中，所有模块形成统一的配合。相比于传统的分阶段人工拼接，深度学习模型的这一特点能够更好地发挥模型的整体表达能力。当模块全局组建好以后，参数的学习算法也涉及诸多超参数。参数的端到端学习让所有模块的参数能够形成整体的统一配合，从而形成整体的参数优化。超参数之间存在耦合效应，独立优化某个模块的超参数无法充分发挥端到端学习的优势。因此，端到端的超参数学习将更有潜力，可以最大化地通过超参数之间的配合优化获得更好的模型性能。

（2）基于多模态联合优化城市环境三维重建

快速构建大规模三维城市环境，需融合不同来源、覆盖不同视角的数据。基于图像的三维场景重建具有低成本、易获取等特点，适用于城市环境三维重建任务。当前多采用深度学习与计算机视觉先进算法，使用透视成像模型拟合有理多项式参数模型，建立天地立体视觉的统一数学表达；基于立体视觉数学模型与可微神经渲染技术构建遥感影像与街景融合的场景建模深度学习模型，使用街景数据弥补遥感影像的未覆盖区域，重建完整的大规模三维城市建筑模型。

智慧城市建设基于激光点云数据对大场景三维几何进行优化，利用机载 LiDAR（激光探测与测距）采集的三维点云数据提取建筑物基底二维轮廓，结合高度信息构建位置与几何约束，优化重建三维场景的几何精度。LiDAR 技术具有快速采集数据、高精度定位等优点，并且可以无视天气影响，获得全面的地物三维信息。而光学影像可以提供丰富的地物光谱信息，所获得的地物纹理清晰，将 LiDAR 和光学影像数据进行融合可以提高地理信息的可视化效果和识别准确度，以实现更好的空间分析和应用。激光点云数据直接获取场景几何信息，相较于基于图像的三维重建技术，激光点云数据对光照变化及纹理颜色等因素具有天然的鲁棒性。

多源影像数据密集匹配技术：基于图像的三维重建，尤其是面向大规模复杂场景的三维重建是许多领域的共性需求，相关技术在包括计算机视觉、计算机图形学、摄影测量、机器人等领域都有广泛研究。为构建完整、真实、高精度的大规模三维场景，需要综合多种来源的影像数据，结合传感器精确位姿，基于多视角几何将图像转换成高密度三维点云或三维网格模型，实现对场景的精确三维几何表达。多源影像数据包括卫星遥感影像、机载航拍影像及地面街景影像，其中卫星遥感影像通常使用有理多项式相机（rational polynomial camera，RPC）模型进行物理世界与遥感影像的映射，该模型在正射影像生成与数字高程模型提取应用中有优秀表现，但其物理原理解释性有所欠缺。计算机视觉领域使用解释性强的小孔成像相机模型来描述物像关系，并通过运动恢复结构（structure from motion，SfM）和多视角立体（multi-view stereo，MVS）技术形成了成熟的三维重建流程框架（图 4.12）。SfM 旨在通过迭代优化相机参数与三角化系数点云来获取精确相机位姿。MVS 通过一组图像与其相应相机参数，重建密集点云或三维网格。

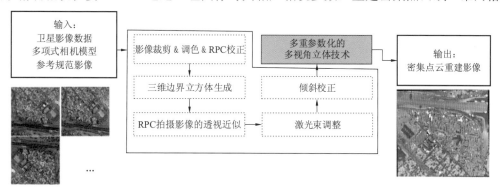

图 4.12　统一相机模型的密集点云重建流程

激光点云指导的精细几何优化技术：激光点云与光学影像是两种重要的遥感数据源，二者的融合能够实现优势互补。面向城市环境复杂场景精细三维几何建模，使用机载 LiDAR 三维点云数据优化基于多视角图像的三维重建结果，以获得更高精度的三维场景。本方法通过多源影像中的点特征、线特征、面特征，结合利用多视几何恢复的三维信息，进行两个三维点集的空间配准（图 4.13）。

图 4.13　机载激光点云与多视角航空影像配准示意图

在获得配准后的激光点云数据后，即可使用三维激光点云对基于影像的三维重建几何进行监督优化。激光点云能够提供相对稀疏而精确的深度信息，利用 LiDAR 感知的三维点位置监督重建结果，能够有效提高重建几何精度。具体使用深度学习与可微渲染技术，对重建场景进行多视角渲染，输出结果的外观属性应附着在相应视线方向的物体深度上。以此方式，对重建三维场景进行监督优化。

城区建筑物分布密集、形状相似，基于道路线的机载激光雷达数据和高分辨率航空影像自动配准方法充分利用点云数据提供的高程与强度信息，提取出高精度的规则化道路矢量线；根据初始外方位元素建立点云数据和航空影像的近似变换关系，以道路矢量线在航空影像的投影位置为先验知识，采用改进的道路矩形整体匹配算法得到影像中的道路中心线，获取同名线特征；以同名道路线段的首末端点作为控制信息，利用基于欧拉角的空间后方交会算法解算新的影像外方位元素，实现航空影像和激光雷达数据的配准。

尽管都可以分解成配准基元、相似性测度、变换函数和匹配策略 4 个基本问题，但是普通图像配准方法无法对激光点云和影像数据进行配准，两者关键都是特征提取与匹配。通过点云预处理、强度信息与面积约束、曲线拟合等步骤直接从激光雷达点云中提取道路中心线（称为点云矢量线），结合航空影像上的初始外方位元素，可自动提取与其对应的道路特征。

基于道路信息的城市区域激光点云与影像自动配准的技术方案可分三步概括：一是直接在激光雷达点云中提取道路特征，通过曲线拟合得到规则化的道路矢量线；二是求解外方位元素初值，并进行矢量线到航空影像的投影，寻找影像道路特征；三是依据摄影测量空间后方交会原理，以共线条件方程为基准，将同名道路线特征中的首末端点作为控制信息重新解算影像外方位元素，实现两种数据间的配准。

（3）三维城市点云精细化分类与高精度建模

三维点云智能处理是智慧城市建设的重要环节。在实际生产作业中，海量点云的分类工作消耗了大量的人力物力。对此，许多学者已开展点云的自动化分类研究。然而，现有的方法大多受限于特定的场景和低层次的手工特征，不能满足实际应用所需的精度和稳定性。近几年，深度学习突破了传统机器学习方法过度依赖手工特征的困难，并在多种图像识别、分类任务中取得了巨大成功。当前，该技术在高精度地形提取中有效识别微小地形、精细化分类中区分相似性地物，以及实例化分分类中确保边缘质量等方面还有很大进步空间。

智慧城市高精度建模随着虚拟技术的发展而发展。三维场景的高精度建模需要在对目标类别进行识别的基础上，对实例化的单体地物进行分类别的模型重建。对于规则的地物，需要对其进行规则划分，将规则地物的层次性精确地构建出来；对于非规则的地物，需要在保证其完整性的同时，尽可能优化地物的原始形态。然而，目前精度较高的三维建模技术多采用半自动方式，需要人工进行建模或对已有模型进行优化，才可达到高精度应用需求。

融合结构信息的三维地物高精度建模包含以下关键要素。

一是精准的边界表达。各类地物要素需满足一定的几何精度，即模型不应偏离其真实的三维地理坐标，且边界应尽可能精准、精简描述不同地物的边界信息。然而，不管是从三维点云中提取边界，还是从影像经过像素级语义分割后提取轮廓，受到点云获取精度与语义分割精度限制，提取到的地物边缘通常参差不齐，或拟合得到的边界与原模型有一定偏差。

二是正确的拓扑关系。各类地物要素参数化模型主要以平面或曲面表达，其模型的拓扑精度由模型几何基元数量及几何基元到真实地理位置的距离映射。理想的模型表达是描述模型的参数数量足够小而三维形态恢复足够完整。点云数据局部缺失、边界信息无法完整表达、地物结构的复杂多样，极大地增加了正确恢复各几何基元拓扑关系的难度。

三是清晰的纹理贴图。三维地物模型表面有清晰的纹理影像对应，纹理影像中各集合基元边界应与模型中相应集合基元边界对齐，其难点在于目标模型与源模型之间的异构性。不同地物矢量化与纹理映射过程分离，导致模型难以实现几何与语义的一致性表达。除了影响目视效果，较低的纹理精度直接影响地物表面材质的分析级环境模拟等诸多应用。

（4）虚实融合的沉浸式可视化表达与交互

智慧城市建设对图形处理和显示支撑系统要求越来越高，目前手工或半自动标绘已不能满足实时反应需求，迫切需要解决实时成像快速上图的问题，并提供准确、及时、逼真的展现效果。现有可视化引擎面临显示帧率低、交互方式单一、细节展现不够精细等问题，导致无法满足城市高精度三维环境渲染可视化的需求。在一些复杂的应用场景中，需要对天空、地表、海洋、海底、城市、平原、山地、森林、丘陵、河网水系、交通甚至外太空进行全空间多域的三维环境建模与展示。因此，亟须开展构建复杂场景可视化引擎研究，该研究的关键技术如下。

智能化城市地物图形标绘技术：以提高城市地物标绘的性能和使用效能为目的，结合多通道如手势、语音等人机交互的标绘手段，开展标绘实体模型技术、基于规则的标绘技术、智能辅助图形处理技术等智能化图形标绘技术研究，旨在提高城市地物图形标绘和显示自动化水平，支持精准复现城市三维场景，满足各行各业的应用要求。

虚实融合的可视化场景构建技术：在已有地理信息可视化引擎研究基础上，采用虚幻引擎加入相应的环境仿真元素，结合地理信息数据和其他城市环境数据构建面向虚实结合的新型可视化引擎，实现三维城市环境要素的高精度仿真。当前三维城市环境的场景构建与可视化技术，已经能够基于影像、高程和矢量等数据，进行一定程度的虚实融合可视化建模和展现。数据量的庞大和模拟要求的不断提高，迫切需要多维度、高逼真和高效的虚实融合三维场景构建与显示技术。面向大规模、高复杂度的多域乃至全域场景构建，研究多源数据的一体化表达，统合城市三维地物数据表达基座；面向大规模复杂场景的高真实感虚实融合效果，研究多源数据的高效表达，有机呈现城市精细信息；面向高效渲染要求，研究分布式计算与架构，在渲染速度方面实现突破，以支撑三维环境展示交互等实时需求。

多通道、多模态智能人机交互技术：基于新型设备的可视化展现与交互，结合智慧城市应用场景，充分发挥头盔、眼镜和腕表等多样新型可视化设备的显示手段优势，支持多种表达维度、多种交互设备的可视化展现，拓展体感式（语音、视觉、触觉等）、简化的人机交互。传统形式的 LED、仪表、显示屏等数据呈现方式无法胜任复杂场景的信息交互，如对大量设备的异常值检测、综合分析、性能评估、问题定位等，也无法自由地切换不同细粒度的信息呈现，给当前的数据监测、分析带来巨大挑战。因此，需要开展人体姿态动作识别、手势识别、语音识别、多模态人机交互信息融合等新型虚实场景人机交互技术研究，构建多通道人机交互系统，突破基于空间姿态的手势识别，高噪声背景下语音智能识别和多模态交互信息融合等技术，研发具备语音、手势、人体姿态等多通道多模态人机交互功能的智能化综合交互系统。

3. 应用成果

"数字地球+智慧城市"整合自然资源、生态环境、应急管理等业务数据，集成物联网实时数据、移动端上报数据与定期更新的遥感影像，一方面打通不同职能部门的数据壁垒，另一方面融合多种空天地信息资源，构建城市大数据中心，通过数据汇集与分析，打造全方位的"城市体检"服务，帮助政府部门实现精细化管理，达到连接城市数据、提升资源运用效率、优化治理的效果。

1）案例一：万物互联"城市大脑"

为实现城市人、水、气、车等各类数据的获取及管理，"数字地球+智慧城市"系统高通量引接卫星遥感影像、空中航拍图、地面传感器信号、移动终端等数据汇集到大数据中心，实现全方位万物互联与汇聚分析。

在交通方面，系统利用地感、抓拍、摄像头、车辆GPS数据实时渲染车流量热度分布，按时段与路口统计车辆信息构建城市车流量模型，实现流量预测，并提供违章定位识别告警，为交通拥堵防治与违章处罚提供帮助。

2）案例二：城市生态环境监测

在生态环境方面，"数字地球+智慧城市"系统集成三废排放、水质与大气监测数据，依据生态环境模型与国家标准构建预测预警模型，实现污染问题及时告警、大气环境实时预报，达到辅助分析溯源与迅速治理的效果。

3）案例三：城市应急管理

在应急管理方面，系统汇集危险源、隐患点、应急物资数据，利用历史数据构建灾害预测模型，获得自然灾害高发时间与位置信息，在灾害发生前，起到预测预防作用；在灾害发生时，利用高分、夜间灯光影像与测量等工具实现灾害影响范围及损失的远程评估，为应急指挥调度提供支持；在灾害发生后，可通过查看时序影像对比分析灾后恢复情况，为灾区重建监测、财政补贴等提供决策依据。

4）案例四：国土资源管理

为解决拆迁区违法新增建筑、水源地违规生活区、私改农业用地性质等"双违"事件人工排查费时费力、受巡查人员主观影响等问题，系统利用月度更新的高分辨率遥感影像，进行像素精度、大面积的地物识别，通过多时相遥感影像对比分析，快速提取动土区域。进而将事件位置派发到执法终端，协助"双违"事件精准高效打击，将执法终端与系统无缝对接，实现执法流程全域跟踪与工作效果监督考评，为"双违"事件的大范围主动发现、强目标高效执法、高清晰远程监督、数字化自动归档形成完整的闭环流程，为"双违"事件治理工作提供规范化、一体化的处理平台。

4.4.3 综合应急管理应用

1. 应用背景

近年来，自然灾害、流行疾病等公共性突发事件频发，人民生命财产安全受到不同程度的威胁，因此，我国政府的应急管理体制面临着巨大的挑战。灾害是人类面临的重大挑战，其特点为类型多样、分布广泛、影响深远。卫星遥感的宏观、动态、综合、长时间序列地球观测与灾害的时空演变特点高度契合。自1972年世界上第一颗地球观测卫星发射升空以来，应急管理一直是地球观测卫星的重要应用领域之一。2000年以来全球和区域层面出现多个卫星减灾合作机制，如联合国灾害管理与应急反应天基信息平台、空间与重大灾害国际宪章、地球观测组织仙台减灾框架优先发展领域、欧洲哥白尼应急管理服务，美国、俄罗斯、日本等国家均依托本国卫星资源并结合其他开放卫星子卫星建立应急管理信息服务平台。随着卫星遥感与信息化技术的融合创新发展，卫星应急管理应用日趋科学、精准并呈现全球化检测、全过程覆盖和智能化服务趋势。

数字地球在综合应急管理、突发公共事件预警信息发布、物联网专项应急示范应用等方面拥有一定的研究成果及项目积累经验，深刻领会国家应急管理体系规划及建设要求，紧密结合我国应急管理工作的实际现状与发展趋势。

2. 关键技术

数字地球采用"平台+应用+服务"的总体思路，通过集成产品定制开发与发布技术，构建信息产品生产与发布模块，实现信息产品高效制作；继承大数据挖掘与融合分析技术，实现业务工作科学开展。继承多部门数据协同联动技术，实现灾害管理多元数据的协同治理；针对政府灾害救助、灾害保险，社会力量参与和综合减灾，公众防灾减灾等业务信息服务技术体系建设需求，突破全链条、多主体、多灾种综合风险防范信息服务集成平台搭建技术，实现对水土保持多灾种综合风险防范信息服务集成。基于数字地球的综合应急管理应用，主要包含灾害综合推演与灾害处置方案自动生成等关键技术。

1）灾害综合推演

灾害综合推演可以提高灾害发生时的紧急反应能力，熟悉施救或者自救时的主要流程。基于"数字地球+"的灾害综合推演依赖于面向复杂场景的多分支并行仿真技术。

并行仿真是指从单次仿真出发（通常以某一仿真案为蓝本作为仿真推演的想定），在仿真推演过程中根据临机的配置调整或从多角度、多策略的灾情分析而产生不同的仿真分支，并针对每个分支平行地进行仿真推演以实现对不同分支的仿真结果进行记录分析与评估。

多分支平行仿真的实现基础是基于决策点或调整点的多分支方案生成的，从实现方式上看可采用基于记录点的"仿真克隆"技术。主要涉及的技术难点有：基于仿真记录点的超实时仿真恢复、记录点"仿真克隆"与仿真分支分发。

如图 4.14 所示，在某节点上的仿真推演 Sim1 在某一点 P1 处产生分支（决策点或多策略对抗分支点），此时将 P1 点的记录及仿真推演方案的相关内容进行克隆，并根据当前计算节点资源消耗情况决定将其发送到新的计算节点还是在原节点上重新启动新的仿真推演，而后通过基于记录点的超实时仿真恢复技术将分支仿真推演恢复、调整方案，实现多分支平行推演。基于记录点的仿真推演恢复已经有工程化的研究基础，需要进行改造升级的是推演的时间管理、实体管理等模块。

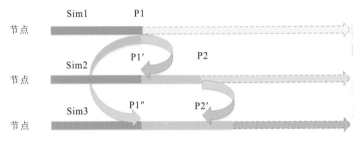

图 4.14　反向映射

2）灾害处置方案自动生成

自然灾害种类多，并存在多灾害互相联系互相生成的现象，如台风伴随海啸、地震伴随火灾等次生灾害，这延长了灾害的全周期生命长度，加剧了防治灾害的难度，这对灾害处置的响应速度和应对措施提出了更高的要求。人为措施已难以满足灾情之急，需要利用"数字地球+"的定量可视化表达做灾害处置方案自动生成，以确保对灾害发生区域的精细刻画和可视化展现，保障处置措施的合理性和时效性。

灾害处置方案自动生成可以大大提高救援反应速度，确保施救效率，节约时间，减少伤亡和财产损失。为了更好适应各种灾害条件下非平稳环境，"数字地球+"具备针对非平稳环境的自适应与分析决策能力（图 4.15），可以实现对灾害的应急反应并自动生成救援方案。"数字地球+"需形成动态的优化目标，具体可采用无视、遗忘、标定、学习、推理等应对方式，从而形成较强的抗干扰能力。但目前还普遍存在决策难以解释和剧烈非平稳环境下的不稳定情况。

（1）决策难以解释：由于模型内部使用隐式表达，难以了解模型产生决策的依据，在实时、现场环境下难以衡量决策的可靠程度与动机。对此可以采取两种方法解决。①限制模型输出决策类型：将原本输出复杂的控制指令调整为特定决策类型，例如原本直接输出灾害现场的风速、火势等参数，修改为应耗水量、救援时间等可以理解的高级行为。②在强化学习模型的骨干网络增加监督学习模型，用于决策理解和动机表示，对于关注的指标，例如救援行动潜在风险、代价、火势消灭概率等额外训练一个监督网络，直接提取强化学习中间层的信息，从而了解强化学习模型单次决策的可解释信息。

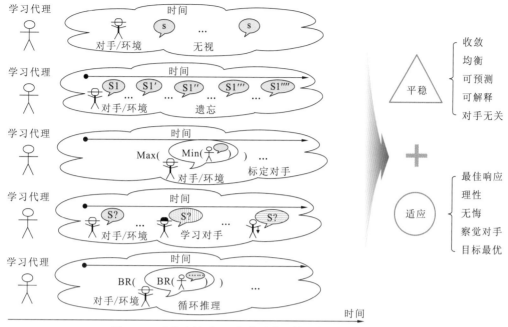

图 4.15　"数字地球+"在非平稳环境下的自适应与决策

（2）环境非平稳：环境非平稳下的灾害处置方案自动生成系统是一个基于人工智能技术的系统，旨在帮助应急响应部门和救援机构在复杂、不确定的灾害环境（如地震、洪水、暴风雨等自然灾害）中快速生成有效的灾害处置方案。灾害处置方案自动生成系统采用了多种先进的人工智能技术，包括机器学习、自然语言处理、知识图谱等，通过大量的历史数据、现场监测数据和实时传感器数据来自动化生成处置方案。该系统具有实时性、自适应性、多元性、可视化等特点，不仅可以实时监测灾害环境的变化，及时更新处置方案，还能根据环境变化和新数据进行自我学习和调整，然后生成多种不同类型的处置方案，以应对不同的灾害情况，并将结果通过可视化的形式呈现，方便用户进行查看和决策。

3. 应用成果

1）案例一：多部门灾前联合演练

数字地球按照顶层规划、统一架构原则，建设了面向技术支撑、服务支撑、应急管理应用支撑的应急管理业务应用系统，平时值守，急时处突，贯穿全业务流程，事前监测预警，事发值班值守、信息报送，事中辅助决策、调度指挥，事后总结评估、过程回溯。

（1）多部门灾前联合演练。针对生产生活中存在的安全隐患进行综合监管预警，着重对安全隐患场所，如化工厂、爆炸物加工厂、煤矿等建立相应的监管预报预警系统，实时监测风险因素并评价风险等级，对超过风险指标的高危企业进行提前预警和防范，将隐患扼杀在萌芽之中，如图 4.16 所示。

（a）高危行业企业潜在影响范围

（b）安全生产事故预案模拟

（c）高危行业企业危险源三维建模

（d）安全生产事故态势分析

图 4.16　安全生产综合监管预警

（2）辅助决策与指挥调度。数字地球应急管理平台以天空地应急信息全面汇聚为基础，通过知识图谱等技术，建立高效的应急指挥信息系统，辅助应急救灾的指挥调度，促进救援工作快速有效开展。

2）案例二：火、水、地质灾害监测预防

数字地球可对常见的火灾、水灾、地质灾害等进行实时监测预防。基于国内外气象卫星，采用神经网络、多元回归、上下文算法模型等遥感监测技术，可提供对秸秆（火点）、火情、二氧化氮、二氧化硫、气溶胶、颗粒物等大气敏感要素的全区域高频次的实时监测，并对监测结果进行自动化业务处理，实现从多源数据获取、数据标准化处理、监测分析、专题图制作、监测报告生成到监测异常预警的一体化服务，从而为城市环保监测、农作物焚烧、森林火情监测等提供有力保障。

利用数字地球大数据平台实时监控地表河流水量变化、流域降水情况、排洪情况，进而评估河流全流域风险指数，对风险指数高的区域排出预防等级、重点监测、提醒周边群众做好防护准备，为潜在水灾提供数据保障，提前做好应对措施，如加固堤坝、疏散周围住户等。

地质灾害指的是由地球的自然因素或人类活动引起的造成人类生命财产损失的自然灾害，包括但不限于地震、山体滑坡、泥石流、崩塌、地面塌陷、火山喷发、海岸侵蚀等。利用数字地球的遥感数据，监测地表变形特征，结合水文气象数据，监测地质灾害，评估其易发性、易损性、危险性，承灾体及其暴露度等。并可利用数字地球的四维时空数据，统计曾发生地质灾害地段相似的地形、地质及诱发条件的地段，通过定性或定量的方式将其以可视化形式展现出来，并联合交通部门、应急管理部门、政府等做好警示预防措施，确保人员设施安全。

4.4.4 全域交通数字化管理应用

1. 应用背景

交通运输在经济社会发展中具有基础作用、服务作用和引领作用，因此巩固拓展脱贫攻坚成果必须交通先行。加快新型基础设施建设仍是巩固拓展交通脱贫攻坚成果的首要任务，提升运输服务水平是巩固拓展交通脱贫攻坚成果的落脚点。我国幅员辽阔，农村公路及基础设施监管不到位、道路灾害应急处置不及时等问题，对巩固拓展交通脱贫攻坚成果产生了阻碍。

遥感卫星技术具有全天时、全天候、随时随地的特点，特别是随着我国高分辨率卫星专项计划的推进，高分遥感技术范围广、多时相，可持续观测；分辨率高，客观精准、识别地物能力强，即视感强的特点为农村公路核查，为打通断头路，提高基础设施管理水平提供了坚实的技术支撑和保障。

2. 关键技术

1）农村路网信息提取技术

将遥感技术引入农村路网检测，可以极大解放人力物力，提高工作效率。其方法包含遥感影像泛在数据精准聚合及识别农村路网语义信息等相关技术。

（1）遥感影像泛在数据精准聚合。基于实体的泛在数据精准聚合能够对泛在感知到的复杂、异构、多频数据进行统一引接、互通，并按需（如农村路网）开展相关信息识别、挖掘等工作，实现物理世界到数字世界的高效可控对象级数据映射。

农村路网实体是数字地球数据组织、管理、应用的核心，以实体对象将描述同一对象的多维度信息（时间、空间、属性、尺度、多源异构、业务领域）有机汇集关联，赋能智能应用。数字孪生具有虚实映射的特征，数字实体的建模、维护与应用需要反映真实物理世界的变化，数据的动态获取更新能力至关重要。数字孪生实体多维属性的时效性依赖泛在感知资源的数据采集，精准感知技术通过建立数字实体对象与感知资源节点的直接映射，实现物理世界到数字世界的高效可控对象级数据感知汇聚，提供敏捷的数据源融合共享服务，打通数字实体与感知资源间的全流程通道，支持灵活的数字孪生场景裁剪，从而为各应用场景下的孪生效能提供底层数据支撑。

将路网感知数据映射到数字孪生实体，主要需解决如下问题：农村路网数据的检测、道路的空间定位及相应感知内容的映射。农村路网数据的检测是指从传感器获取的数据中提取关键路网信息，例如从摄像机获取的视频数据中检测提取取景范围内所有的道路形态、空间分布等；道路的空间定位是指确定每条道路的地理空间位置，需利用传感器自身的定位系统及获取的数据，例如从多视角图像中恢复某条道路的延伸长度信息，结合相机自身位姿，在地球空间对目标进行定位；感知内容的映射是指将感知对象映射到数据库中的实体与知识，借助空间网格编码与实体数据的空间位置属性，将传感器感知到的对象地理空间位置映射到实体数据上，并将实体数据与知识注册到三维空间进行混合现实显示。

（2）基于实体的泛在数据精准聚合可支撑感知任务智能筹划。通过感知用户对数据的存储访问需求，自动发掘用户关注热点（如农村路网）；通过感知数据与数字孪生实体的映射，评估数据资源对感知任务的满足度；由关注热点与数据资源满足度为牵引，以传感网络与感知资源能力画像为基础，支撑感知任务筹划，如图 4.17 所示。

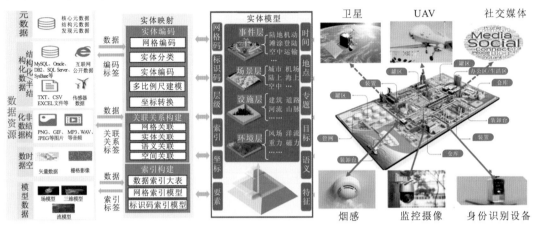

图 4.17　基于实体的泛在数据精准聚合

2）农村路网信息语义识别技术

基于遥感影像全要素分类技术是构建农村路网数字化模型的核心，同时也是构建全域数字化城市的核心，精确的路网要素分类技术能够支撑高精度城市三维环境的构建。

农村路网信息语义识别技术主要是对农村环境中的各类自然地物要素和人工地物要素，包括建筑物、道路、植被、水系、不透水面等要素目标进行类别识别，这能够为农村路网的精细化构建提供基础语义信息。农村路网信息语义识别示例如图 4.18 所示。

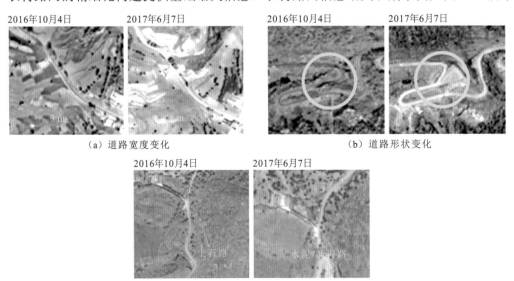

图 4.18　农村路网信息语义识别示例

通过利用点云不同表示的优势，数字地球采用一种基于二三维集成卷积神经网络的点云全要素分类方法。该方法由一个基于体素格网的多模态融合网络和一个基于特征图的多视融合网络构成。其中，三维多模态融合网络是对现有多尺度融合网络的扩展，能够对不同模态的多分辨率特征进行融合。二维多视融合网络则在多模态融合网络架构的基础上，增加了多视融合机制，能够弥补单视角下二维特征图对三维点云表征的不足。同时，该多视网络能够在内部完成三维到二维的投影，省去了人工生成特征图的预处理操作。具体网络算法如图 4.19 所示。

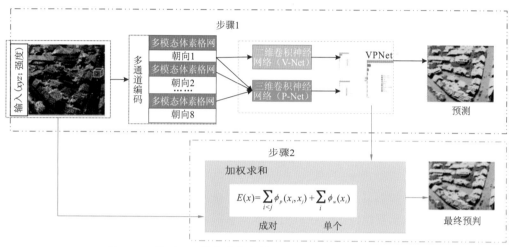

图 4.19　基于二三维集成卷积神经网络的点云全要素分类架构

该方法包含两个阶段：①基于深度学习的点云分类；②基于全连接条件随机场的点云分类精化。具体步骤：首先将每个点的多尺度邻域转换为一系列多个朝向的多模态体素格网；然后采用一个二三维卷积神经网络（VPNet）对这些多模态体素格网进行分类；最后采用全连接条件随机场对 VPNet 输出的点云分类结果进行全局优化。VPNet 的分类原理：首先对其包含的基于体素格网的卷积神经网络（V-Net）及基于特征图的卷积神经网络（P-Net）所输出的类别概率进行加权求和；然后取求和后最大概率值对应的类别作为最终预测类别。

3）交通态势实时监控与展现

数字地球交通态势实时监控与展现基于虚实交互设备的人在回路协同应用技术。该技术是一种人机混合式的，通过虚实交互设备实现物理空间、信息空间、认知空间的融合，为后台监控人员提供逼真、互操作的虚拟环境，形成既可总览全局，也可知晓细节的沉浸式体验。

与虚拟现实技术领域相关的硬件设备主要包括五类。①建模设备：3D 扫描仪、深度相机、普通相机、相机阵列等，能够收集现实环境的实时数据并通过建模软件制作成在虚拟世界中展示的模型。②计算设备：计算机、终端移动设备、虚拟现实（virtual reality，VR）一体机等，拥有计算系统，能够处理大规模数据、进行网络传输、实时渲染画面的设备。③显示设备，头戴式 VR 显示器、平视显示器（用于车载 VR）、沉浸式投影系统等，以人方便理解及与运动感觉同步的方式呈现数据的设备。④追踪设备：陀螺仪、激光定位器、眼球跟踪器、腕部追踪器等，能够实时地获取人的运动信息反馈给系统，增强人机交互效果的设备。⑤交互设备：包括手柄、动作捕捉设备、万向机、仿真驾驶舱、力学反馈设备等。

该技术的实现需要以下 4 个环节。

（1）动作捕捉和目标跟踪技术：使系统能实时地感应到人的姿态动作并进行即时的反馈。动作捕捉通过跟踪物体的关键部位来确定物体的坐标及运动状态等信息。动作捕捉主流方式分为两种：一种是光学式的，即根据计算机视觉或者主动光学传感器捕捉跟踪器的方位；另一种是惯性式的，即根据跟踪设备上搭载的惯性传感器传递信号，实施监测。动作捕捉需要目标跟踪算法在软件上的支持，它是一种通过分析设备获取的信号序列，在二维图像或者三维场景中获取候选的目标区域并实施匹配，以定位出目标在该场景下的坐标位置，并得到一系列同一目标在连续时间内的连续运动变化的算法。二者结合可以实现对使用者实时跟踪，并反馈给控制系统。

（2）基于人机交互的虚拟现实环境仿真实验室，充分模拟现实场景，充分引入人的智能。虚拟世界可以模仿现实世界，也可以是虚幻世界，用户通过各种 VR 设备和传感设备进行虚拟现实的交互，虚拟现实仿真系统由多个子系统构成，包括虚拟现实应用开发平台、数据采集和建模系统、人机交互设备及支持现实仿真的系统应用实验室。

（3）对交通场景和车辆行人目标的实时高精度建模和渲染，保证实验环境的可靠。三维场景建模，即三维重建，是用相机拍摄真实世界的物体、场景获取点云，然后用计算机技术进行处理，具体来说就是利用运动恢复结构（SfM）或者同时定位与地图构建（simultaneous localization and mapping，SLAM）等方法获取相机姿态计算深度图或者隐式表示，并由此融合点云，构建 3D 曲面，从而得到物体三维模型的技术领域，涉及的主要技术包括：多视图立体几何、深度估计、点云处理、网格重建和优化、纹理贴图、马尔可夫随机场、图像分割等。现今的三维重建方法分为传统的基于多视角立体（MVS）特征点提取和匹配的方法和基于深度网络学习的方法（如 MVSNet 等）。三维场景渲染，即三维渲染，是使用计算机技术从数字三维场景中生成方便人类理解的二维影像的过程。三维重建物体的类型不同渲染方法也不同，分为基于体素的体渲染（从相机向成像平面发出射线，在射线上采样计算体素贡献颜色的总和），基于面的网格渲染、光栅化（即在成像平面上投影三维模型的顶点和面的颜色）和基于点云的点云渲染。渲染也可以采用深度学习方法，能够结合重建过程，端到端地产生逼真的纹理和阴影效果。如今主流的方法主要基于体渲染和光栅化。

（4）硬件技术：VR 手柄、现实设备体的编程架构、人机界面（human-machine interface，HMI）接口和通信技术等。市面上成熟的 VR 手柄皆采取了两手分立持有，6 空间自由度实施目标跟踪的方案。现实设备体的编程架构是在物理世界中实际使用的设备（例如计算机、智能手机、机器人等）的编程结构或编程框架。现实设备体的编程架构不仅包括软件架构，还包括硬件、传感器、执行器和其他物理组件的组成和交互方式，这对开发和使用物理设备至关重要。它可以影响设备的性能、功能、可靠性和易用性。HMI 接口是计算机科学、心理学、设计学等多个学科的交叉领域，研究如何设计、评估和实现计算机系统和其他电子设备与人类用户之间的交互界面。根据不同的交互方式和接口形式，可以将人机接口分为多种类型，如图形用户界面（graphical user interface，GUI）、命令行界面（command-line interface，CLI）、触摸屏界面、语音界面、脑机接口、手势控制界面等。处理器的性能决定了 HMI 系统的性能，当前的各大具备强大工业生产能力的厂商都会研发自己的 HMI 系统，以实现高效的人机协作。

3．应用成果

为推动交通运输领域大数据资源整合，打通交通运输行业横纵应用链路，数字地球交通应用产品实现了交通运输行业设施调查、路灾监测、工程建设监管和辅助设计功能。"数字地球+交通"以交通遥感数据引接、处理、存储、共享发布为基础，打造交通遥感综合服务支撑平台，建立交通运输遥感数据应用中心，提供高分遥感数据支撑，实现公路建设辅助支持、道路灾害监测、交通设施调查、道路工程建设辅助监管等应用。

1）案例一：公路建设辅助支持

"数字地球+交通"依托遥感数据，利用遥感手段，并通过人工判读解译对目标区域内地形地理信息、周边路况信息等进行提取，结合北斗卫星、地质环境、外业采集、社会人文等数据，完成公路建设影响因素分析，实现相关专题产品的生产，为公路交通基础设施的选址、规模界定、规划选线等提供辅助支持。

2）案例二：公路工程建设辅助监管

利用遥感数据，结合道路工程建设业务数据，采用遥感影像解译和分析手段，实现道路设计后所需的征地拆迁监测，道路工程建设各阶段施工状况、施工进度辅助监测，生产拆迁进度监测、道路工程建设辅助监管等专题产品，提高交通工程建设过程中的辅助决策分析能力。通过对建管区域的连续多个时相的影像对比分析，客观真实地观察工程进展情况（图 4.20）。

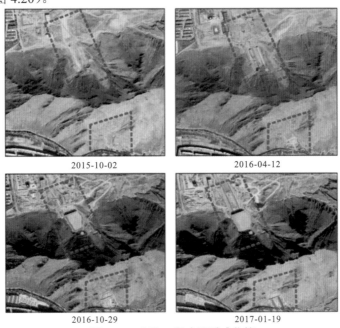

图 4.20　公路工程建设遥感监管

3）案例三：交通设施调查

利用遥感数据，结合行业监管、路网规划等数据，综合应用遥感手段对道路及周边设施信息进行提取、核查；基于行业多源数据融合实现台账管理与展示；通过多时相影像及年报路网数据实现路网变化检测；同时对国省干线两侧保护范围内违建房进行遥感调查；生产遥感路网、违章建筑调查等专题产品。

4）案例四：道路灾害监测

结合卫星遥感、航空摄影、无人机和北斗导航定位技术、地面监测等多种手段，建立道路灾害监测系统，实现对道路周边环境的地质、地貌条件调查、监测，并针对重点目标如灾害多发区、典型边坡、桥梁等进行日常业务化监测。

4.4.5　数字地球+航天数据管理应用

1. 应用背景

当前，航天产品高速发展，各类型航天器尚无统一的设备信息管理系统对航天数据资源进行体系化管理，原有分散的系统功能也十分有限，且系统间相互隔离，数据无法统一管理和利用，设备信息服务于航天应用的综合效益还有较大的提升空间。

航天的各类数据和产品目前分散管理，面向各级用户提供航天信息服务也是分头保障，急需统一的平台承载航天多源基础数据产品、各类专业信息产品、综合态势产品等，并能对航天设备资源综合管理，实现联合任务规划，全面提供信息服务。从航天信息服务体系整合角度，一方面，需形成航天感知体系综合运用能力，后台形成联合任务规划能力，前台提供统一卫星需求筹划和数据管理能力，推动航天信息与多源数据的深度融合；另一方面，需统一航天信息共享服务模式，实现基础数据产品、高级信息产品、综合态势产品在统一平台提供订阅、推送、下载服务，需要"数字地球+航天"的支撑。

2. 关键技术

数字地球在航天领域应用中主要攻克分布式集成框架技术、航天多源数据整合技术、航天海量数据的存储与管理技术、高性能矢量动态渲染与检索技术和基于消息中间件的二三维自动协同标注技术等关键技术。

1）分布式集成框架技术

数字地球是可共用的全球时空基准统一的基础平台，能够承载测绘地理、气象海洋等类型数据，能够实现航天各部门、各型卫星、各级数据产品的综合管理，面向农、林、牧、渔等行业提供快速、精准、可定制的服务功能，因此要求数字地球具备开放架构、支持二次开发，能够扩展集成应用和实现不同专业数字地球之间的互联互通，通过分布式集成框架，实现数字地球的开放、可集成和可扩展，在分布式对等网络之上，实现数据、插件、用户、应用的集成。

集成框架是若干独立的标准规范、软件接口和软件工具的集合（图 4.21）。集成框架具有通用性、易用性、稳定性和跨平台等技术特点，为各领域应用系统间互联互通互操作提供了一系列的技术保障，包括数据服务接口、联动服务接口、插件管理工具、远程服务管理工具、流程支撑工具、认证授权工具、二次开发工具和平台标准规范。

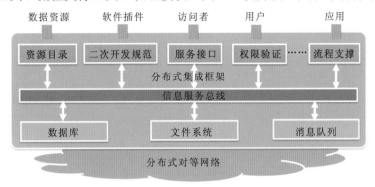

图 4.21　分布式集成框架组成示意图

2）航天多源数据整合技术

数字地球需要组织管理吉林一号、高景一号、珠海一号、风云系列、实践系列及北斗导航卫星等各类多源数据，这些数据来自不同型号，具有不同格式、结构、基准，并且数据量多且杂，数据又互相独立，缺乏联系，容易埋没数据价值。

针对多源数据整合困难的问题，形成优化的数据整合流程，支持多源数据平稳引接；提供数据基础性加工处理工具，进行数据清洗、规范性检验及数据抽取、集成、转换；通过建立数据多维关联模型，将不同来源、类型、格式的数据在多维度上进行关联，从而实现数据的有效整合和分析，并通过构建多维数据关系（如包括层次、聚合、关联等），描述数据之间的复杂程度，最终形成一体化的数据管理维护机制，以提高数据的管理效率和数据分析能力（图 4.22）。

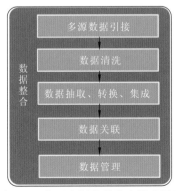

图 4.22　航天多源数据整合技术思路

3）航天海量数据的存储与管理技术

在当前数据爆发式增长的情况下，传统架构仅通过采用更大的设备或增加中央处理器（central processing unit，CPU）、磁盘等方式提升计算能力，必然带来存储成本高、数据量达到一定量级后浏览效率低等一系列的问题。

为有效解决以上问题，采用分布式架构，通过简单增加计算或存储节点这种向外扩展的方式，来满足 PB 级海量空间数据的高效存储和管理。在数字地球平台中，以统一的云存储介质为物理支撑，支持分布式架构空间数据库、NoSQL 数据库、影像编目库、文件存储系统等。航天海量数据的存储与管理技术思路如图 4.23 所示。

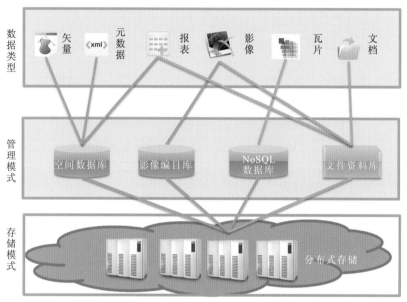

图 4.23　航天海量数据的存储与管理技术思路

4）高性能矢量动态渲染与检索技术

为解决传统矢量或者栅格地图处理时间长、更新难、渲染慢等问题，数字地球平台提出高性能矢量动态渲染与检索技术（图 4.24）。高性能矢量动态渲染技术以高效的矢量数据切割算法、分级索引调度与图形处理器（GPU）加速并行渲染技术为核心，通过改进矢量混合索引机制，考虑按视域分级动态调度的策略，并依托 GPU 加速的矢量渲染能力得以实现。矢量瓦片的数据传输量少，服务器压力小；实现在线的地图定制能力，实时渲染满足面向不同应用场景的专题图；实现将地图旋转成伪 3D 界面的跨终端服务；有效提高地图互操作能力；展示信息更完整、配色机制更丰富、数据保密性强、样式可变、应用灵活等。

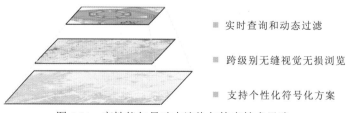

图 4.24　高性能矢量动态渲染与检索技术思路

智能检索技术,是在对全要素地理实体统一编码的前提条件下,基于 Solr 分布式搜索引擎,通过改进其空间搜索支持能力,扩展出对所有点、线、面要素的全要素检索服务,为平台用户提供智能检索提示、搜索结果智能排序等相关服务能力。

5）基于消息中间件的二三维自动协同标注技术

为支撑航天遥感专业应用,需要在二三维地图上快速标注大量的专业信息,并保证图面清晰、信息完整、重点突出,使得密集的遥感信息层次分明、主次得当、一目了然,以提高专业人员的理解能力。如何在二三维地图上进行快速标注并保证目标显示合理美观,也是需要解决的关键问题之一。基于消息中间件的二三维自动协同标注技术解决方案见图 4.25。

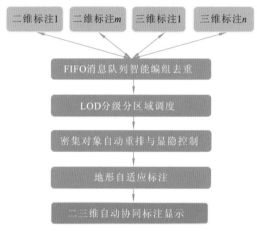

图 4.25　基于消息中间件的二三维自动协同标注技术解决方案

FIFO（first input first output，先进先出）

基于消息中间件的二三维自动协同标注主要包括基于 FIFO 消息队列的智能编组去重技术、LOD 分级分区域调度处理技术及地形自适应标注显示技术。首先,前端多个终端在二维、三维地图下各自进行标注,标注指令存储在消息队列中,系统对标注指令进行编组去重;然后,采用 LOD 分级分区域调度技术对目标进行处理,选择适合当前显示的目标,对目标进行重排和显隐控制,并对目标进行简化、压缩等处理。最后,根据当前任务和地形确定标注符号的标注样式,包括高度、厚度、贴地等,在各个应用终端对目标进行绘制。

3. 应用成果

1）案例一：设备管理

设备管理主要是实现在数字地球上展示无线电测控设备、卫星、光学设备、地面测量雷达、发射平台和专用保障设备等。支持多要素检索、指标详情查阅及二三维查看设备作用距离。对于卫星设备管理来说,提供全球卫星设备列表层级展示功能,按照国家、各专业及各系列进行层级排列，通过对单独某颗卫星的操作，可以查看其对应的设备详情、计划列表等信息。

2）案例二：卫星需求筹划

需求筹划主要用于支撑遥感卫星对所需要观测的标点进行筹划分析，用户可通过人机交互界面填写需求位置、分辨率要求、时效性要求等信息，需求提交后，数字地球平台基于卫星轨道分析用户需求的可用窗口，应用用户据此可提交针对性需求（图4.26）。

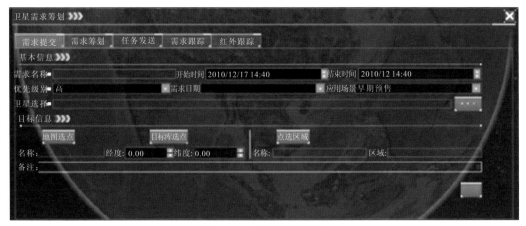

图 4.26　需求分析界面

3）案例三：搜救态势保障任务

2021年9月17日，神舟十二号载人飞船返回舱安全降落在东风着陆场预定区域，聂海胜、刘伯明、汤洪波3名航天员顺利出舱，身体状态良好，我国空间站阶段首次载人飞行任务取得圆满成功！

数字地球平台在神舟十二号载人飞船返回舱搜救过程中，全程不间断提供信息保障，为搜救指挥部全面掌握着陆场搜救信息、调度搜救力量及时赶赴返回舱落点提供了强有力的技术支撑（图4.27）。

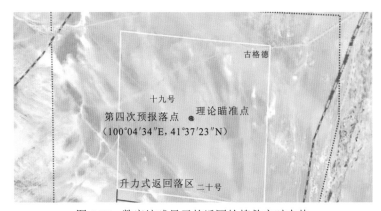

图 4.27　数字地球显示的返回舱搜救实时态势

参 考 文 献

常宜峰, 2015. 卫星磁测数据处理与地磁场模型反演理论与方法研究. 郑州: 中国人民解放军信息工程大学.

常宜峰, 柴洪洲, 尹乐陶, 等, 2013. 局部海洋磁力异常图的 Coons 曲面重构. 测绘科学技术学报, 30(1): 36-40.

顾春雷, 2010. 区域地磁异常与地震关系研究. 合肥: 中国科学技术大学.

李冰, 吴迪, 古一鸣, 2018. 南极测绘地理信息数据库与管理系统设计与实现. 测绘与空间地理信息, 41(1): 135-138, 141.

李德仁, 龚健雅, 邵振峰, 2010. 从数字地球到智慧地球. 武汉大学学报(信息科学版), 35(2): 127-132.

刘善伟, 2008. 面向海岛海岸带的遥感影像几何精校正方法研究. 北京: 中国石油大学(北京).

商瑶玲, 王东华, 李莉, 2003. 论全国 1:250000 数据库的建立与更新. 地理信息世界(2): 16-20.

王丽, 2015. 地电场变化的模型研究. 兰州: 中国地震局兰州地震研究所.

王喜春, 孙志禹, 李敏, 等, 2014. 领域工程在水电工程移民管理中的应用. 遥感信息, 29(1): 96-101.

XU W P, ZHU Q, ZHANG Y T, 2010. Semantic modeling approach of 3D city model sand applications in visual exploration. The International Journal of Virtual Reality, 9(3): 67-74.

第 5 章　"数字地球+"发展与展望

发展遥感对地观测技术是国家的重大需求，我国高分辨率对地观测能力持续提升，遥感、导航卫星数量不断增加，无人机能力不断提高。经过多年研究与应用，数字地球应用技术在理论方法上取得了很大进展，在"数字地球+"应用领域取得了丰硕成果。

当前，以人工智能、机器学习、5G 网络、量子计算、云计算等为主要内容的新一代信息技术蓬勃发展和广泛渗透，使得经济、社会、军事、科技等各领域都发生了以互联、智能、泛在为特征的技术革命，给数字地球平台及"数字地球+"应用发展带来了难得的机遇。数字地球作为人类认知地球与自身活动的有力抓手，基于新一代信息技术的发展趋势，未来数字地球相关技术将向边缘云、区块链、虚拟现实等方向发展，向一体化、分布式和智能化方向持续迭代更新，重塑技术架构，吸纳新型关键技术，有望在技术架构、数据体系、智能关联等方面实现质的提升。

5.1　"数字地球+"技术发展与展望

（1）基于边缘云的数字地球技术

云-边融合技术架构是我国信息系统建设和发展的重要发展趋势，基于边缘云的数字地球是构建广泛分布式应用数字地球体系的重要发展方向。基于数据中心的数字地球将为各领域提供强大的、全局性的、基础性的数据支撑范围；基于边缘云的数字地球提供边缘环境下地理信息服务，支撑专业领域深度应用。构建云-边融合的数字地球体系之后，将形成"云端处理、边缘计算、按需汇聚、分级应用"的分布式地理信息服务模式，数据中心和边缘终端能够按需部署、分级使用，利用数字地球中心强大的数据处理与计算能力，结合人工智能快速完成遥感专业应用处理；在边缘端，利用有限计算环境进行数据可视化、分析量测等简单处理，形成较为完整的应用能力。

（2）基于区块链的数字地球技术

随着信息技术的发展，遥感数据呈现出多领域共享应用的趋势，如何保障遥感数据在应用过程中保持一致性、准确性和安全性将是数字地球应用需要解决的重要问题。开展基于区块链的数字地球将是解决上述问题的重要技术方向之一。要研究遥感数据标记方法，实现对各类遥感数据的有效编码记录；同时要开展数据区块链应用技术研究，实现对遥感数据的分布式记账，提升遥感数据的分布式应用技术。

（3）基于虚拟现实的数字地球技术

二三维可视化是对数字地球数据进行直观展现的关键技术，未来数字地球将与虚拟现实技术相结合，通过虚拟现实技术提升数字地球应用能力。通过对地表、地物和自然环境的高精度建模，利用虚拟现实技术实现精细化表达和可视化，在数据终端应用过程中强化遥感数据应用能力。在数字地球已有基础上，进一步构建仿真渲染引擎，支持基于真实物理模型的实时渲染，大规模地球场景分布式并行绘制，支持数据支撑、模型驱动下的智能仿真场景推演，同时结合 AR、VR、全息、眼镜、头盔等新型交互方式，形成"境随人走、物随人动"的应用效果。

基于新型沉浸式设备的可视化展现与交互技术，旨在虚实场景中构建多维度、多时相、多尺度、高逼真的三维地球环境，解决太空、天空、地表、海洋、城市、平原、山地、森林、丘陵、河网水系、交通等全空间全时域三维环境的建模与展现问题。从多个观察层次和尺度，进行任意尺度可视化建模，基于影像、高程和矢量等环境数据，进行一定程度的虚实融合可视化建模和展现，从而支撑各种业务场景下的人机协同应用。

（4）数字地球终端技术

数字地球在应用过程中主要采用 C/S 架构，在大规模集群环境下运行，极大地限制了数字地球的应用场景。在环境治理、地理测绘等现场作业任务中，亟须攻关数字地球终端技术，实现数字地球系统在手机或者平板电脑中运行，扩展数字地球运行服务模式，构建形成云-边-端的服务架构，将数字地球的信息服务延伸至一线应用场景。

（5）中台式技术架构

数字地球将进一步按照"网云端"体系架构进行深入建设，核心按照新型中台设计理念，重构形成中台式技术架构。通过纳入数据中台框架、模型中台框架、服务中台框架、应用中台框架，促进面向具体应用场景的功能快速集成建设和能力迭代升级。

① 数据中台框架：数据中台框架可以集成数据孤岛，打破行业之间数据资源组织壁垒，统筹众多信息部门和数据中心，深度理解挖掘各组织业务之间的关系，进行全局规划，形成全面运营。并具备能够接入、转换系统内外部多种来源的数据，包括泛在感知数据源产生的数据，数据中台治理产生的数据、知识与模型，以及其他各类业务产生的数据等，并能协助数据保障人员与数据分析人员更好地定位数据、理解数据。数据中台可以打通多种业务和应用场景的共性的业务价值能力，提供以往单个业务单元无法完成的数据增值能力。通过统一的数据标准和质量体系贯通全域数据，建设加工后的标准数据资产体系，更好地管理数据应用，降低数据从加工生产到使用的整个时间周期，并以中台之力拉通整合测绘、气象、互联网等多方数据，形成强大的数据资产，实现数据的更大价值提升。

② 模型中台框架：模型中台框架将是数字地球各类专业算法模型的承载和编排框架，在数据中台基础上，集成应用大数据分析挖掘、深度学习、神经网络、知识图谱等技术，搭建具备模型构建、管理、聚合、部署运行能力及环境知识搜索、知识计算与推理、智能化搜索分析服务等能力的智能化、知识化模型中台框架，形成数字地球系统运行内核。模型中台框架以特定业务为导向，通过智能化流程编排，提供多领域智能模型训练框架，提供并管理海量样本、模型，支持图形化模型集成与训练，最终形成适应多样化应用场景的模型开发、训练和在线推理环境，全面支撑数字地球典型应用。

③ 服务中台框架：服务集成框架用于提供容器服务运行环境和治理框架，可为数字地球各业务方向提供运行所需的容器环境，具备服务路由、限流、熔断、降级、容错等服务治理能力，提供监控、用户管理、权限管理、访问控制、日志收集、日志挖掘、统

计分析等功能，支持对基础分析模型和智能分析模型进行服务封装，支持服务在运行时进行容器弹性伸缩、容器资源调度、容器服务历史版本管理等灵活调度，实现业务服务的统一封装、统一部署、统一注册、统一发布、统一管控及运维。服务集成框架采用高效调用、服务容器和数据同步等技术，解决资源消耗大和时效要求高等问题，实现服务按需调度、动态调整和抗毁接替等能力（李荣宽 等，2017），形成可弹性伸缩的应用支撑环境，可高效集成智慧城市、智慧交通、智慧水利、智慧农业等各类应用信息服务和知识服务，并支持基于事件或任务驱动个性化定制服务自动组装和智能服务聚合。支持基于容器的容器服务构建、管理，保证系统解耦开放，支持业务代码无侵入的服务代理，实现统一服务目录的注册发布、寻址调度，便于分布式的服务开发、组装、调度与监控，可实现访问灵活调度、一键扩缩容、故障自动感知等功能。

④ 应用中台框架：应用中台框架依托数字地球平台底层提供的全域汇聚、多元融合、一体服务的数字孪生底座，提供面向多层次、多类型应用环境保障。它具备交通、应急、农业等各种生产生活活动所需地理空间基础功能；具备全空间、多尺度、多种类时空信息的逼真渲染和高效可视化功能；提供图形可视化环境保障应用快速构建工具，支持低代码甚至零代码的应用开发框架与开发模式；基于统一的基础内核实现多端版本统一、平台统一、开发接口统一和标准规范统一。

（6）实体化新型数据体系

数字地球将在现有以矢量、影像为主的基础数据上，进一步拓展形成与真实地理空间实体具有映射关系的虚拟镜像实体。能够面向来源广泛、数据量大、多源异构"结构化+半结构化+非结构化"、数据格式多样、"缓变+快变+实时"、军民互联网结合的数据特点，形成以实体为中心的数据汇集、存储、管理、治理、服务的方法，为无人化、智能化应用提供数据支撑。

（7）多领域智能算法模型

在现有数字地球基础上，进一步融入智能算法模型框架，能够将算力-数据-模型相耦合，吸纳集成海量样本数据和算法模型，支持面向具体应用场景的多领域算法模型集成构建、流程编排、层次耦合，形成数字地球内生智能。同时，能够有效适应未来"网云端"架构，支持模型按需裁剪、边缘运行。最终实现基于数字地球的多圈层耦合认知与计算分析。

5.2　"数字地球+"应用发展与展望

目前，"数字地球+"应用在各领域已经广泛开展，且应用潜力巨大。从应用方向来看，本书仅介绍了数字地球在智慧城市、应急管理、智慧交通、航天管理等方面的典型应用，数字地球还可以在城市规划、深海探测、沙漠治理、野生动物保护、国防领域、三农领域等方面进行应用。

从应用模式来看，目前数字地球主要运行于大型数据中心或业务中心，主要集中在"云"的层次，未来数字地球还将向一线用户"边-端"发展，形成"云-边-端"的遥感信息服务架构。

从应用产品形态上看，目前数字地球主要为大型数据中心的使用模式，各领域用户整合相关遥感数据、地理信息等形成数据中心后台，通过地面网络实现数字地球终端应用。未来数字地球应用将从大中心向前端应用延伸，基于有限计算存储能力构成的边及应用终端将成为未来数字地球发展的重要方向。数字地球将构建形成大数据中心型、小型机动边、应用终端等应用产品形态。从数据层面来看，数字地球承载的数据将进一步丰富，在现有遥感数据、地理信息基础上，可整合集成相关社会数据、行业数据、产业数据等，数字地球的应用产品形态将会产生各领域专业形态，满足各行各业应用需求。

从技术能力发展上看，当前数字地球主要集中在时空基准统一、多源数据存储及二三维可视化等方面，仅实现了数字地球的基础功能。随着当前人工智能、虚拟现实、区块链技术发展，数字地球的技术能力将呈现多方向发展。一方面数字地球将从当前的数据承载与综合现实，向"精算、细算"发展，综合利用人工智能、大数据技术等实现对行业、领域精准问题的精细化计算，快速得出高精度专题信息和行业应用信息。另一方面数字地球将从现在二三维现实向多维现实发展，突破 8K 显示及虚拟现实/增强现实/混合现实、三维虚拟可视化等关键技术，进一步扩大数字地球的应用范围，提升数字地球的应用效益。

参 考 文 献

李荣宽, 贲婷婷, 汪敏, 等, 2017. 战术云环境服务支撑系统架构. 指挥信息系统与技术, 8(3): 33-37.